作　　　　者	┃	鍾展坤
書　　　　名	┃	90 後躺平稅月——鮮為人知的稅務秘聞
封 面 設 計	┃	U-PORTFOLIO DESIGN COMPANY
出　　　　版	┃	超媒體出版有限公司
地　　　　址	┃	荃灣柴灣角街 34-36 號萬達來工業中心 21 樓 02 室
出版計劃查詢	┃	（852）3596 4296
電　　　　郵	┃	info@easy-publish.org
網　　　　址	┃	http://www.easy-publish.org
香 港 總 經 銷	┃	聯合新零售（香港）有限公司
出 版 日 期	┃	2021 年 11 月
圖 書 分 類	┃	金融財務
國 際 書 號	┃	978-988-8778-31-7
定　　　　價	┃	HK$138

Printed and Published in Hong Kong
版權所有 · 侵害必究

90後躺平稅月
鮮為人知的稅務秘聞

序 1：張新彬博士

序 2：Bittermelon

序 3：Beginneros

序 4：Joesph Sit

序 5：Vincent Tse

序 6：李仁鴻

自序

作者簡介

🆂 （一）古今中外稅務冷知識 🆂

1.「是非曲直苦難辯」稅種難分曲直？	24
2.「小賭怡情、大賭變首富誠？」——博彩稅	28
3. 如果項少龍再次回到古代秦朝？	32
4. 有甚麼比單身更慘？	37
5. 錢債肉償——欠稅的後果	42
6. 打工皇帝	46
7. 明朝張居正——一條鞭法	50

90後躺平稅月
鮮為人知的稅務秘聞

8. 印花稅的由來 55

9. 永不加賦——清朝的盛世稅月 59

10. 飲「肥仔水」需要繳交「肥仔稅」？ 62

11. 香港何時有薪俸稅 66

12. 香港納稅人約章——權利和義務 69

13. 提升股票印花稅能否帶旺股市和樓市？ 73

14.「避稅天堂」真的可以避稅嗎？ 78

15.「不患寡而患不均」——共同富裕計劃？ 82

🆂（二）香港稅務應用個案 🆂

16. 網上商店——無所遁形 86

17. 老闆是時候要「賠償」我了！ 90

18. 大叔的愛 94

19. 按揭貸款利息如何扣稅？ 97

20. 中港兩地走 108

21. 手上有閒錢，買樓收租好定買股票、債券收息好？113

22. 投資物業會否被徵利得稅？ 119

23. 電影分為三級制、利得稅都有分級制度？ 123

24. 僱主提供的房屋福利 128

25. 移民潮 136

26. 買車可退稅？ 139

27. 工字為何不出頭？ 143

28. 疫情下人人自危 148

29. HODL! 加密貨幣 To The Moon! 151

30. 稅務局永遠對你有信心！ 157

🅢 （三）中小企客戶借貸見聞 🅢

31. 借貸是雙劍刃？ 164

32. 中小企借貸的考慮？ 167

33. 稅務貸款借定唔借？ 170

34. 借貸能夠減稅嗎？ 173

後記 179

稅務小工具 185

鳴謝 195

序 1

張新彬博士

(名策集團創辦人，特許稅務師，中國執業稅務師，註冊會計師，
資深國際會計師，內部審計師，企業醫生)

　　每年到了五月初，香港稅務局開始向個人及企業發出各式的報稅表。大部份不熟悉稅法的納稅人，開始尋求稅務專業人士或會計師協助處理賬目和稅務申報。經過一輪的咨詢後，接納了專家的建議去調整賬目，然後完成稅務申報。突然收到稅務局的一封信要求對某幾個收入及支出提供明細和解釋，納稅人馬上把信交給專家問為甚麼會這樣！最後因為無法提供相關支持文件和合理解釋，由原來申報的虧損，變為被稅局徵收了6位數的稅款再加罰款。

　　要找對會計師及稅務師提供專業協助是非常重要的事情。同時，納稅人亦應為自己學習稅務方面的知識。但是，要了解稅法並是一件容易的事，必須要捕捉到法

例字眼演繹和內容的說明，在坊間要找一本描述簡潔易明的稅務書籍也不容易。

非常開心收到鍾展坤先生出一本稅務書的消息，他是一位有豐富實戰經驗，曾任職於國際四大會計師事務所的香港註冊會計師及特許稅務師，鍾先生也是一位香港上市公司的獨立非執行董事、並擔任審核委員會、提名委員會及薪酬委員會委員，我很榮幸受邀請為這本書寫序。

鍾先生在這本書中用了許多不同的接案實例，以生動易明的字眼讓讀者能夠輕鬆了解各類稅務的知識，更包括了其他稅務書籍沒有撰寫過的古今中外稅務冷知識！

在清朝盛世時，「永不加賦」是指甚麼？在古時的政府如何管理稅收？推行此政策的目的是甚麼？你可以在這本書了解到古時代稅收管理的知慧。

從稅務角度看－工字為何不出頭？子華神曰：「老闆成日話員工做野都唔擺個心出嚟，激死人。員工話老闆都唔擺舊金出來，駛死人。」不想打工，但又不夠資金

開店舖，那就在工餘時間做網上小生意吧！可是，僱主幫我每年申報薪俸收入，我又有這檔生意收入，我應如何申報個人入息呢？可以怎樣在合規合理情況下減少稅務負擔嗎？

　　這是一本相當實用及值得收藏的工具書；內容從基礎到深入，可以完全作為無聲的交流和分享，讓讀者更容易明白、吸收和提升稅務知識。我鄭重的推薦，此書必須是您的解決你稅務疑惑的最佳拍檔！

序 2

Bittermelon
《am730》專欄作者

　　每當說到稅，很多朋友都覺得沉悶，甚至聞稅色變，不想講也不願聽。其實，稅是無處不在，無法逃避。除非獨居在孤島或深山中，否則有人眾居的地方，就必定有稅。

　　為甚麼？一群人聚在一起活動甚至生活，總會有些「阿公」的開支需要由各人分擔。例如在學校，班會要佈置壁報板，所以向每位同學收取班會費。又例如與家人同住，燈油火蠟伙食等開支不菲，所以需要給家用幫補一下。同一道理，一個國家或地方，都需要稅收以維持各項公共開支。修橋補路、國防治安、醫療教育、公共衞生，全都需要資金才能運作，稅收往往是支持政府財政的主要收入來源。就以香港為例，每年的稅收佔特區政府總收入超過一半。

稅與我們息息相關，掌握基本的稅務知識，能避免誤墜稅務陷阱。當然，複雜的稅務事宜，就留給專業稅務顧問好了。如何學習？最直接的方法是瀏覽稅局網站，內裡涵蓋了香港納稅人需要知曉的東西。只是內容太多太廣，研習需時，難免沉悶。想來點速食嗎？坊間有不少書籍，都是講解稅務知識的。可是質素參差，不是太過深奧，就是拿著稅例照抄。

　　朋友 Michael Chung 最近所寫的《90後躺平稅月》，正好補上坊間書籍的缺口。該書以散文形式配上有趣的實例，深入淺出地與讀者講解十五個稅務應用個案。這些個案都是我們經常或有機會遇到的，非常實用。此外，該書還分享十五個古今中外的稅務冷知識，寫得趣味盎然，很值得一讀再讀。

　　所謂躺平的韭菜不好割，我們當然不要做韭菜，但偶爾躺平一下，悠閒地看看書吸收新知識，何樂而不為呢？在此，誠意向大家推薦《90後躺平稅月》。

序 3

Beginneros
(人氣網上學習平台)

古往今來，交稅是不少打工仔和公司要面對的難題，Beginneros 也是因為「交稅」而認識展群稅務，一識便認識了五年，創辦人 Michael 見証著 Beginneros 的成長，我們也見証著展群稅務的業務蒸蒸日上。在路上，展群為我們提供了很多有價值的稅務應用知識和專業分析，讓 Beginneros 能夠專心發展我們的專長，同時也與我們在各方面緊密合作，互相支持。

「香港何時有薪俸稅？」「按揭貸款利息如何扣稅？」

作為一個知識分享平台，深明知識總會患難見真情，在有需要時拔刀相助，這部《90後躺平稅月》除了分享古今中外稅務冷知識外，亦分享了香港納稅人的稅務應用知識，有趣味之餘亦十分實用，相信讀者看畢後也能

獲取一技旁身，助大家有效管理自己和公司的荷包，就讓書中的知識與展群稅務的宗旨一樣，陪大家度過每個「稅悅」。

序 4

Joesph Sit

(特許秘書、Mr Library Limited 創辦人、曾於卓佳專業商務有
限公司、國際律師事務所及投資銀行任職)

在投資銀行工作時，一些小項目如轉換股份、變更
董事，以致大型項目，例如數以十億計的基建投資，均
需先讓稅務部門作初步評估，藉以考慮每個項目對董事
個人，股東團體及公司盈利的影響。由此可見，稅務對
於個人及商業活動的重要性不次於會計、法律和財務管
理。

作為納稅人，一直渴求能以最快的速度學到慳稅貼
士；另一邊廂，作為一位創業者，我和我的客戶不時有
著各種各樣的稅項疑問。《90後躺平稅月 - 鮮為人知的
稅務秘聞》順利成章地成為了我人生第一本完成的校外
商業書籍。基於這本書用上簡單易明的散文文形式，加
上豐富的資料性，讓我省卻了大量的資料蒐集時間。除

了推介給生意夥伴外，我還推薦了這書予我 MBA 懂中文的同學。一本有趣、實用性高、貼地的書籍，實在不應錯過。

你願意為合法地省卻稅項負出多少代價？

好消息的是，或許只需要兩杯咖啡的價錢，加上幾小時的時間，你便可以得到實實在在的啟發，為將來的你省卻數以萬計的稅項。這是可算是一項收益率極高的投資。

作者熱衷於研究稅務，同時對創業有着無窮無盡的新想法，正因如此，他需要與投行的精英一樣了解稅制，甚至需要比他們了解更多更廣。幸運的是，作者同時是一位願意無私分享其心得的人，把數年間精心研究的各種稅務個案和有趣的冷知識匯集成書，予眾分享。看到這裏的朋友，不用再猶豫，把這本書帶回家吧。

序 5

Vincent Tse

（前四大會計師事務所稅務高級經理及現職於跨國集團亞太區稅務經理）

　　我與 Michael 相識於微時，當年在其中一間全球四大會計師樓的稅務部門共事。閒時經常討論如何能從一草根基層突圍而出，打破自我階級，躍升為「中產一族」。縱然不能「住洋樓，養番狗」，也望閒時能與三五好友品嚐紅酒，笑看人生。正如富蘭克林所說：「唯死亡和交稅無可避免」。既然逃不過繳稅，讀者不論是想如我努力打工或作者創業做老闆，稅務的知識是不可或缺的。

　　而 Michael 一向熱心公益，樂於出任專業組織的公職，作年輕的學生的引路人。也多次應ＹＭＣ所邀，擔任「職場溝通技巧」工作坊的主講嘉賓，希望幫助年輕人少走歪路，有更好的職途。此書也體現了 Michael 古

道熱腸的一面，希望透過一個個通俗易讀的短篇散文及故事勾起讀者的興趣，加深其印象，對稅務有更好的理解，走出更好的人生路。

平常人認識稅務，很喜歡看香港的稅務條例或香港稅局的執行指引，但相關用字艱深難懂，使人昏昏欲睡。而如前述，Michael 娓娓道出一個個有趣的故事，將一些驟看毫無關連的生活例子、小說或甚「子華神」語錄串通不同的稅務知識，使人有融會貫通的感覺，也令人興致勃勃追看其後其他的故事。通讀全書，其中一篇很深印象的便是連結了鹿鼎記的故事與清朝「永不加賦」的政策及清初康雍乾盛世的結果。此外，也不乏打工仔如何經營副業減輕稅負的實務「貼士」，讓人獲益良多。

既然交稅跟死亡一樣是無可避免，希望讀者能細閱本書，充實稅務知識。特別是坊間有一些道聽途說的稅務傳言，反使人誤犯稅法，希望此書能幫助讀者避開荊棘小徑，踏上康莊大道。

序 6

李仁鴻

（企業家，精算師，去中心化金融研究者）

　　自我中學認識 Michael 開始已經超過 15 年了。從那時開始，他的精打細算與鉅細無遺的性格已經嶄露頭角。大至班級的財政、年宵的收支；小至午飯結帳，一切與打理金錢相關的東西大家都一致公認 Michael 為箇中權威。因此當他成為一名會計師時，我們都毫不意外，並堅信他將會成為一個非常成功的專業人士。

　　然而 Michael 並不滿足於此。不久後當我知悉他寧可拋棄會計師樓的高薪厚職去毅然創業時，我也曾勸諭他這樣做是否值得。但他再一次證明了他的能力：「展群稅務」在短短的數年內已經成為一個成功的公司，經歷了數次擴展與搬遷，至今甚至出版自己的書籍。無論如何，Michael 的成功絕對是他個人的才幹與努力的成果，而這本《90 後躺平稅月》可說是他成為會計師（與

稅務師）後經驗累積的心血傑作。

　　做為一個加密貨幣界的企業家 － 我最關心的自然是與其相關的議題。就此而言，Michael 在加密貨幣會計中當屬執業界之牛耳 —「展群稅務」在成立初期已接受以加密貨幣支付，且為香港其中一個最大的加密貨幣組織提供稅務建議。最近由於我正在籌備開發一個去中心化金融 (DeFi) 的項目，牽涉到不少離岸公司、公司註冊形式、以至於加密貨幣發行對稅務相關的影響。Michael 就此給予了我專業的意見，讓我少走了不少冤枉路。碰巧的，《90 後躺平稅月》中也有數篇文章牽涉到相關的課題，若讀者也與我一樣有類似的疑惑，相信此書定當給予的不少啟發。就算沒有，Michael 所寫的文章均為業界最前緣而新穎的議題，也定當讓你耳目一新。

　　最後，我相信無論你是想增進稅務知識，還是只是想找本書打發時間，我相信這本《90 後躺平稅月》都將能成為一本讓你愛不釋手、回味再三的讀本。

自序

「唯死亡和交稅無可避免」- 富蘭克林

"In this world nothing can be said to be certain, except death and taxes." - Benjamin Franklin

首先感謝正在閱讀拙作的讀者，本書作者嘗試透過輕鬆有趣的手法去描寫大眾認為是繁複沉悶的稅法，作者希望深入淺出地簡單介紹不同的稅務個案下如何應用在納稅人身上。相信除了稅務局職員和會計界工作的業內人士，大部分讀者都不會去主動去細心閱讀稅務條例。

本書的創作念頭源於閒時閱讀，深感坊間晦於稅務的書籍甚少，而當中都是教科書式的稅務文章，雖然學術含量及專業程度高，但一般讀者甚少會仔細閱讀。

在應考稅務師和會計師考試期間，讀者和其他應考者都會閱讀大量羞澀難明的稅務條例，既要理解稅務條例，又要背誦幾個納稅人和稅務局打官司的法律案例，當中有部分稅務案例會上訴又上訴，令考生要不斷理解上訴的稅務理據

及最後法院的判決。

在會計界「木人巷」的稅務客戶，其稅務難題是非常複雜，當中有機會汲及幾個稅收管轄權 (tax jurisdiction)，工作期間不時需要與其他地區的稅務專家合作，為客戶提供合適的稅務籌劃及解說當地稅務條例的見解。

在作者自行開設稅務公司後，不少做跨境生意的中小企，或者被稅務局調查的納稅人都苦無對策。其中當中不少中小企客戶的稅務問題都和香港市民息息相關。有見及此，作者希望將差澀難懂的稅務條例，簡化為讀者可以日常閱讀的有趣讀物。用一些生動的例子去介紹香港市民經常遇到的稅務個案及當中的稅務含義。

人工智能、自動化流程、機械人的洪潮下，它們都在輔助專業人士的工作並將不少高度重複和低增值的工序「外判」給人工智能和自動化流程機械人，讓專業人士能夠充分發揮他們的專業知識和專業判斷，為客戶提供更高質量的服務。

很多客戶最常提問的稅務問題就是如何可以不用交稅，或者交很少的稅但又不被稅務局調查。作者第一個反應都是

跟客戶解說要從稅務條例中合法、合規地減低稅負，然後再跟客戶分析香港稅率相對其他地方已經很低。納稅人要善用香港低稅率的優勢提升生意效率和營業額，開源永遠比節流重要。

如何提升生意競爭力和個人或企業財富上增值，稅務只是其實其中一環。運用財務技巧為公司和個人賺取更多被動收入，為財富增值應該是不少中小企和受僱一族的願境。

當然，讀者不需要精通稅務條例才可以合法、合規地減低稅務負擔。希望讀者購買本書或選用我們的稅務服務亦能夠提供一些解決方法 :)

最後，再次感激讀者在實體書日漸式微的年代願意翻閱本書，為作者出版書籍完一心願！

作者簡介

鍾展坤

渴望財務自由的 90 後

前任職於國際四大會計師事務所 (企業稅務及稅務科技部門)

出任香港上市公司之獨立非執行董事 (Independent Non-Executive Director)

展群稅務有限公司 創辦人

特許稅務師 (Chartered Tax Adviser)

註冊會計師 (Certified Public Accountant)

深圳前海稅務執業資格

作者 2017 年毅然離開「四大會計師事務所」後 (會計界俗稱的「木人巷」)，成立專門提供專業稅務服務的展群稅務有限公司，致力為香港中小企提供高品質的稅務服務，令客戶專注業務發展，達到多贏局面。

facebook	Instagram

www.ck-tax.com

01 古今中外稅務
冷知識

1.「是非曲直苦難辯」稅種難分曲直？

香港奉行低稅率制度，此舉吸引不少國際企業在香港設立亞太區總部。 簡單而言，香港的稅收可以分為直接稅 (direct tax) 和間接稅 (indirect tax)。 而最為人熟悉的薪俸稅、利得稅和物業稅就是直接稅的部分。

直接稅是指稅務局直接以納稅人的收入作徵收的稅項，而納稅人不能將直接稅負擔轉介給其他人。由於直接稅的稅收會受納稅人的收入高低影響而改變，因此經濟低迷時，稅務局就直接稅的收入亦會跟隨下跌，造成香港出現財政赤字，需要以過往的財政儲備用作政府開支。

間接稅最主要的特點是稅款可以轉介給其他人，例如購買貨品時已經包含了關稅，生產商可以把自己的間接稅計算在貨物或服務的生產成本，再出售給消費者，從而將間接稅轉介給其他人。

香港曾經出現娛樂稅 (1993 年全面消除)、遺產稅 (2006年消除) 及酒店房租稅 (2008 年消除)，不過現在已經不存在了。

當中娛樂稅制度初次在 1956 年實施，主要針對電影院、馬場等娛樂場所的經營者開徵。 後來在 1973 年暫停對電影院徵收，1975 年又再次開徵，最後在 1993 年後正式全面廢除。

至於遺產稅，讀者不要以為只有大地產商才需要被徵收。 其實，只要整體財產，包括股票、物業、現金、債券等等，超過 650 萬港元 (後來加至 750 萬)，已經要繳納遺產稅。幸好遺產稅在 2006 年正式取消，否則不少讀者現在或許也正為此煩惱著呢。

讓我們一起來看看其他間接稅的例子吧。

- **汽車首次登記稅**

  為減少市民購買車輛的意慾及鼓勵市民多使用公共交通工具

- **關稅**

  香港是一個貿易自由港,進口和出口的貨品大都不會徵收關稅,除了以下四種應課稅品:酒類(並非所有酒精飲料,主要是酒精濃度達 30% 以上的烈酒)、煙草(90 毫毛以上當另一枝香煙額外徵稅)、碳氫油類(飛機燃油、汽車汽油及柴油)及甲醇

- **印花稅**

  指定文件需向稅務局支付印花稅,否則不被視作有效的法律文件 — 詳情可以前往第 13 章細閱

- **博彩稅**

  包括足球博彩、賽馬、六合彩

- **差餉、地租、地稅**

  三者都是向房產物業徵收的間接稅,以物業估價計算一個百分比。 差餉及地租由差餉物業估價署收取;地稅則由

地政總署收取

- **商業登記費**

    若在香港成立公司，不論有限公司、獨資業務或合伙業務，便要繳交

- **飛機乘客離境稅**

    以飛行模式離開香港，包括飛機和直升機，便要繳交

    看完以上不同類別、形形式式的稅種，是否感覺交稅就像空氣一樣無處不在、處處都在呢？ 的確，在交稅的路途上，香港始終有你。

    稍後會有篇章深入探討直接稅下的薪俸稅、利得稅和物業稅。到底受薪人士、老闆和收租人士有甚麼稅務應用例子去達到減稅結果呢？還望讀者不要揚塵而去。

2.「小賭怡情、大賭變首富誠？」
──博彩稅

　　說到四年一度的全球體育盛事，除了奧林匹克運動會外，想必讀者也會想起世界盃。作者就非常期待疫情過後的 2022 年世界盃。

　　回想起上一屆世界盃，發生了太多出人意表的事。先是冰島力鬥阿根廷的賽事，看著冰島的兼職球員向全世界觀眾完美展示甚麼是團結便是力量，真的看得人熱血沸騰。再來，很多傳統勁旅讓人跌破眼鏡，均未能打入決賽周，美斯、C 朗更是同日雙雙離開俄羅斯，令一眾支持者心碎了無痕。最後法國以 4-2 擊敗克羅地亞。

不知讀者平日會否有「買波」的習慣？根據《賭博條例》，除了受規管的賽馬、足球博彩及六合彩，又或其他獲發牌批准的麻將館、以及獲法例豁免的賭博活動之外，其他賭博活動均屬非法。即使是經外國的投注網站下注同樣是屬於非法外圍賭博的行為。所以讀者如果想支持自己心儀的足球隊伍，唯一合法的途徑都是透過香港賽馬會下注。

　　雖然有時「黑馬」(不被看好但最後爆冷勝出的意思)意外跑出，令馬會遭受巨額賠償。但其實馬會在定出賠率的時候，他們已經有成群精算師在背後發功運算。無論馬會開甚麼賠率，都已經計算他們的計算當中。讀者不難發現球賽一開，馬會的賠率就像股票市場開市的時候一樣變動不斷，目的就是要對沖球賽的風險。所以有時「黑馬」的賠率可能會突然間一賠十變了一賠五，又或者熱門隊伍的賠率會由一賠二變一賠四，其實都是馬會在平衡自己的風險。簡單而言，即是擲到"公"、馬會全贏，擲到"字"就馬會贏你少少。

　　其實很多市民都知馬會盈利能力超強，茶餘飯後都會開玩笑，倘若馬會在香港交易所申請上市的話，大家一定訓身

抽其股份。可惜，香港賽馬會是非牟利保證有限公司，亦是香港最大慈善公益資助機構，所以是不可以申請上市。

不過讀者知不知道每次投注的時候，其實都間接地納稅給香港稅務局。無論賭馬、賭波抑或買六合彩，其實都需要繳納博彩稅。大家每當賭輸錢的時候，都會安慰自己當送錢給馬會鋪草皮，但其實這句話只是部分正確。 事關投注的錢只有少部分是馬會收取，當中大部分是轉交給香港稅務局。 所以正式講法是，送少少錢給馬會鋪草皮，再送多多錢給香港稅務局，為香港政府的財政收入作出貢獻，讀者心理上是否感覺偉大多了？

其實，香港賽馬會是最大的納稅機構之一。以 2018/19 年度的投注額超過 2,400 億港元為例，便向香港稅務局繳交了接近 233 億港元的博彩稅及利得稅。一般而言，賽馬的納稅額最大，佔博彩稅的 6 成多，足球佔 3 成，其餘的是六合彩。或許讀者會驚訝，平日最多人投註的六合彩，原來只佔博彩稅少於 10% 的收益。這是因為六合彩只有獎券活動收益的 25% 需要納稅，而足球賭博則淨投注金收入的 50% 也需要納稅。

讀者不如猜猜賽馬需要支付多少博彩稅？

答案是本地投注淨投注金收入的最少 72.5%，所以賽馬佔了整體博彩稅收益的絕大部分。可見俗話說：「送錢給馬會鋪草皮」，絕不是隨便一說，實是意味深長。

始終是 4 年一度的世界盃，未知讀者有否用真金白銀支持心儀的隊伍 (或者買少少做逆向對沖「燈」對家呢?)，從而進貢給香港賽馬會和香港稅務局呢？ 希望大家在今個世界盃贏多輸少，不過其實無論輸贏，香港賽馬會和香港稅務局「或成最大贏家」。最後都要提醒大家，千萬不要沉迷賭博。正所謂「小賭怡情，大賭不會變李嘉誠」。

讀者自己對足球的認識不太大，平日都是閒時購買六合彩而已。寫完這篇文章後，作者亦要去看看香港另一個萬民參與的場合－股票市場開市了！

3.如果項少龍再次回到古代秦朝？

「別高興，別以為叫始祖，萬稅千稅都會依你意願來營造」

公元前 221 年，秦始皇 — 中國歷史上第一位使用「皇帝」稱號的君主，完成一統六國大業，結束了春秋戰國數百年間群雄割據的戰亂時代。

追溯秦朝在商鞅變法後的十數年間，秦國國力逐漸崛起並和戰國六雄分庭抗禮。後來，秦王政在左丞相李斯和國尉尉繚的輔助下，採用後世家喻戶曉的「遠交近攻」，將當時六個戰國，依次韓、趙、魏、楚、燕、齊逐一消滅。

秦始皇統一六國後，一直沿用商鞅變法的制度並加以改良，隨之以來推出一系列的改革，當中包括課稅制度。在統一六國後，秦始皇開始巡視舊有六國的領土以及進行大量基礎建設工程項目，當中包括修築萬里長城、秦直道、阿房宮、驪山陵等。

由於興建大型基建項目需要大量人力和財力，令秦政府入不敷支，秦始皇便開始加徵稅收以及頻繁徵用人力以求用最快的速度完成所有基建。要知道，秦始皇統一六國後只有短短十數年的統治時間，隨後秦始皇死後，全國四處都出現民變，當中以劉邦和項羽最為有名。

雖然秦朝統一中國只有十數年間，但秦朝落成的基建有不少在現今社會尚在使用，秦始皇的前瞻性視野和執行力亦是後代帝皇少見。

春秋戰國期間，各國君王主要圍繞土地開徵稅項，包括按私有土地數量或者按田畝產量計算而徵收的田稅或田賦，而徵收方法則主要以實物作為稅款。除了根據地主擁有的土地徵稅，當時亦會根據人口數量徵收「口賦」，本意是徵收戰爭相關軍用品而徵發的稅項、又名「人頭稅」。(這個

情況香港也曾經發生，並沿用至今，詳情可以翻閱第 11 章）

第三種主要的稅項為「商品稅」，以貨物為課稅對象，類似現今社會的「關稅」。當時秦孝公在秦朝首都咸陽設置市場給百姓作日常貿易，便開始對貿易行為徵收商品稅以開拓財務收入。而酒、肉的稅額甚至是本身貨品成本的 10 倍以上，令一般平民無可奈何，只好減少吃肉和飲酒，努力從事生產活動。

秦始皇統一六國後，一直沿用商鞅變法的制度並加以改良，隨之以來推出一系列的改革，當中包括完善課稅制度。其後公布了「車同軌、書同文、行同倫」，統一六國貨幣等等的大一統政策，而稅務政策亦是其中一環。

秦朝重農抑商，因此田制改革亦佔重要一環。商鞅變法時推行「國家授田制」，平民可以從秦政府手上輕易得到農地，鼓勵平民種植農產品。後來推行「使黔首自實田」，百姓可以向秦政府申報手上的農地，變相合法承認百姓手上的土地屬於他們自己的私有土地。在經濟學角度來看，私有產權代表擁有人能夠以個人意志支配土地，使百姓對土地的歸屬感增加，大大提高百姓的工作熱誠，令政府稅收大增。

再者，商鞅變法的其中一項是《墾草令》。在此政策實行前，秦朝的貴族和官吏享有多種特權。政策推行後，達官貴人的特權被大量削弱，需要和平民一起加入生產行列，並大量加重貴族、商人和特權階層的稅賦，平衡權力和義務。

　　秦朝廢除「什一」的田租稅制，並推行統一的稅租制度。「什一」即是把所有土地劃一徵收田租稅款，不論土地質素好與壞，質素參差的土地和肥沃的土地都徵收同一田租稅款。這樣導致持有土地質素參差的農民無能力支付稅款，而擁有肥沃土地的農民每年能夠輕鬆繳納稅款，稅額分配不均。更有部分富農在累積財富後便開始兼併其他土地，令貧富差距擴大。

　　廢除「什一」稅制後，所有土地劃分成為不同等級以徵收稅款，令有能力者支付較多稅項。

　　再者，統一六國後秦朝進行多次大規模的人口普查，以掌握全國人口數量，再按人頭徵稅。簡約而言，家庭單位愈多人口，則需要支付較高的稅款，為政府帶來穩定而重要的財政收入。

雖然秦始皇被後世加上「暴君」之名，可是秦朝短短十數年間的統治，的確影響深遠。其政策為漢朝對抗外族起了不少貢獻、那時多項舉世無雙的巨型基建項目大都成了我們今天絕不陌生的文明古蹟，秦始皇作為君主的前瞻性視野和執行力亦是後代絕無僅有。

《漢書•食貨志》曾經以"泰半之賦"形容秦朝的稅賦情況，意思指秦朝百姓要承擔很多不同的稅賦。後期學者認為「泰半」是指秦朝的綜合稅賦超過一半，甚至三分之二以上。 以至民怨四起，為秦朝十多年間由統一六國至滅亡埋下導火線。

書中設秦朝歷史推薦書單，有興趣了解更多的讀者，不妨加以參考。

4. 有甚麼比單身更慘？

「其實自己一個更開心」，相信大家都曾經聽過「愛與誠」這首歌。根據世界各國政府的統計數字，原來除了氣候暖化有全球化的現象，單身現象亦有全球化的趨勢，看來愈來愈多人享受單身的自由呢。

在法國，每三戶人家就有一戶人是單身未婚未嫁；在日本，有接近一半的男子是未婚的；在德國柏林，單身人口已經超過 50%；在韓國，單身人口數字的上升趨勢，甚至令韓國政府急於推出稅務改革方案，希望透過政府的各種稅務優惠政策，降低韓國單身人口所導致的低生育率及老年化問

題。

如此看來，大部分經濟發達的地方都有單身化的趨勢。各地政府對單身人口的緊張程度更甚他們的家長。無他，單身化的現象長遠而言會影響政府的財政結構，包括新生人口減少以及老年人口上升，減少人才的儲備和加重政府的醫療開支，不利社會發展。 各地政府都因此急於透過不同方案，包括提高稅務優惠政策，希望降低單身化對政府的負面影響。

古往今來，各地政府都十分重視單身現象引來的問題。追溯很久以前的漢朝，政府會向 30 歲尚未結婚的平民徵收「單身稅」。

事緣秦始皇在統一六國前發起大量戰爭，死亡和流亡人數急升，令全國男丁數量迅間下降。在十多年間統一中原後，國家又徵召大量男丁前往邊疆興建長城、阿房宮等大型基建。最終令全國男丁數量大跌，勞動人口也因而減少，家中無人耕作以支付政府稅收。與此同時，秦朝政府卻大幅向平民徵收不同類別的稅種以支持大型基建。最終激起民憤，一眾農民揭竿起義。當中劉邦、項羽突圍而出，楚漢相爭期

間又不斷發起戰爭，令全國人口再一次大減。

劉邦最終結束中原地區內戰局面，建立漢朝。可是，由於秦末漢初期間戰爭不斷，人口大幅減少，令平民負擔大增，漢朝政府於是希望透過無為而治，靜養生息的方法治理國家。漢初期間，土地多而人口少，無人耕作，政府稅收自然大減。所以，當時政府大量贈送土地給農民，鼓勵他們耕田，多向政府繳納稅款，希望用以增加政府收入。

不得不說，人口銳減最直接的影響是當時按人頭徵收的人頭稅。因此，漢朝從漢惠帝開始就實施向 30 歲以下尚未結婚的平民徵收 5 倍稅款，希望透過木棒政策迫平民盡快結婚，增加人口。

中國自 2019 年起修改稅務政策，新條文並不是直接道出要徵收單身稅，亦沒有加重單身人士的稅款。然而，修改後的稅例增加了子女教育開支的扣除額，與香港的供養子女免稅額相近。這樣變相令有子女的納稅人可以減少稅款，間接增加了沒有小朋友或者單身人士的稅務負擔。這種提供減稅的誘因，的確大大提高了市民的生育意欲。

在香港，養育一個小朋友每年可以享有 $120,000 供養

子女免稅額，上限為 9 名子女。如果小朋友是在課稅年度出身，更可以額外享有多一倍的免稅額。雖然香港沒有特別政策鼓勵生育，香港的稅務條例都間接令有子女的納稅人相對沒有子女的納稅人減少稅務負擔。

現代人崇尚個人主義，古時的婚姻觀念好像愈見薄弱了。然而，對於單身現象的真正成因和趨勢，作者並沒有任何獨特的見解，或許作者也要自行翻閱社會學書籍細究箇中原因了。

5. 錢債肉償──欠稅的後果

古往今來， 在政府眼中交稅納稅就像欠債還錢一樣，天經地義。 在古代，拖欠政府稅收更有可能被判死刑。

在不同朝代，如果納稅人被政府發現逃稅漏稅，不同朝代也有不同程度的刑罰。 漢武帝在位時，商人會被開徵「緡錢稅」（財產稅），按財產的 6% 徵稅。 正所謂重賞之下必有勇夫，為了避免商人隱瞞錢財漏稅，漢武帝更會獎勵舉報者，鼓勵平民之間互相舉報。 成功協助官府查出漏稅的舉報者可以得到漏稅款項一半作為賞賜，與此同時，偷稅漏稅者會被罰戍邊一年。

唐代曾經開徵「間架稅」，可謂史証第一種物業稅的稅種。　它是按照房產數量而徵收的稅種，擁有的房產數量愈多，「間架稅」負荷自然愈重。　由於古時沒有差餉物業估價處，亦沒有銀行估價之類的高精密估值方法，「間架稅」並非以物業市值徵收。

　　那麼古人是如何估算業主需要繳交多少「間架稅」呢？原來唐朝政府會定期派人去房產估值，但只是將房產分為三大類，上等房屋 2,000 文、中等房屋 1,000 文、下等房屋 500 文。

　　試想像，演變成今天的香港，如果市值幾億的山頂物業只收 $2,000 一年，幾千萬的豪宅收 $1,000 一年，平民居住的物業則收 $500 一年，雖然所收的金額不多，但是稅收相對財富總值的比例卻是差天共地。　根據《資治通鑑》記載，當時唐朝社會百姓們怨聲四起，奮力抗議，「間架稅」開徵大約半年後便因而取消了。

　　話雖如此，如果當時被政府發現隱瞞房產不報，業主都會被官府杖刑。　唐代後期更加直接開徵茶稅以大大增加政府收入來源，後來更成為唐朝後期的重要財政收入。　由於

唐朝不斷開徵多種稅收，而且稅項不輕，不少人以身試法走私茶葉，要知道走私茶葉的最高刑責是直接被處死呢！令唐朝後期的平民都怒不敢言。

在宋朝期間，走私一些日常用品的後果亦非常嚴重。販賣走私鹽逃稅會被杖刑，如果走私鹽犯武力反抗，三人以上的主腦會被處死。販賣走私茶葉數量少會被杖刑，數量大的會被處死後示眾。販賣走私酒不論多少同樣會被處死。

元朝統治者深深明白到從日常用品中徵重稅能夠為他們帶來重要財政收入，所以發現漏稅商人會先施以杖刑再沒收一半財產。如果鄰居知情而不告發的話，亦同樣會被杖刑。

明朝期間對走私日常用品(鹽、茶葉)的刑責相對元朝有所減輕，主要是以經濟罰款代替死刑，以減輕明朝建國後人口減少的現象。再者，明朝會對販賣蔬菜、水果等商販開徵「市肆門攤稅」(營業稅)，大約是營業額的1%。若被發現偷稅漏稅的話，會被罰3-5倍的罰款。

放眼現今香港，納稅人如果被稅務局發現漏稅逃稅會有

甚麼罰則呢？ 根據《稅務條例》第 80(2) 條，可被判處罰款 10,000 元，並可被加徵相等於少徵稅款 3 倍的罰款。 根據《稅務條例》第 82(1) 條，如果納稅人是蓄意意圖逃稅或協助他人逃稅，違犯有關罪行，可被判處罰款 50,000 元，並可被加徵相等於少徵稅款 3 倍的罰款，以及監禁 3 年。

讀者不要以為稅務局甚少理會金額輕微的個案，以為稅務局只會留意大企業是否繳納足夠的稅額。 如果讀者抽時間到稅務局的網站，稅務局會有詳盡的檢控個案。 例如虛報「個人進修開支」、虛報「認可慈善捐款」、就「供養父母額外免稅額」作出虛假陳述等都曾經有納稅人被判入獄。

可見，無論身處甚麼時代，漏稅逃稅都是嚴重的罪行。若想合法合規地減輕稅負，就應該多了解稅務條例的細項，而不是透過非法的行為去達到目的。

6. 打工皇帝

雖則是替人打工，其實也能坐擁財富。近年，長和聯席董事總經理霍建寧先生，恆大集團行政總裁夏海鈞先生和騰訊總裁劉熾平先生三位「打工皇帝」的年薪平均超過兩億，讓人不禁概嘆「人打工我打工，為何待遇如此懸殊。」。可是，如此巨額收入換來的便是龐大的薪俸稅稅款。以薪俸稅標準稅率 15% 計算，「打工皇帝」平均需要繳交超過 3,000 萬的薪俸稅，真的比我們工資還要高。

「打工皇帝」比很多當老闆的還要富裕，年薪比很多上市公司的營業額和市值還要高，教那些上市公司高層羨慕至

極。當中霍建寧先生，長年佔據「打工皇帝」第一位，其薪俸收入甚至比長和創辦人李嘉誠先生還要高。題外話：其實「誠哥」自從長實 1972 年上市後，一直只從公司領取 $5,000 年薪。

不得不提，其中一位「打工皇帝」其實是會計師出身。在 1980 年代，當時年僅 30 歲出頭的他已經出任長實的董事了。對於交稅，不少人經常對會計師有所誤解，以為其精通稅法，便能有甚麼方法減掉一大筆稅。其實，即使是身為會計師的他，每年仍然要支付過千萬的薪俸稅稅款。

為何？無他，全世界的稅務法律都是相對向公司傾斜、受僱人士能夠合法減稅的方法其實不多。相反，開設公司經營生意會有較多的支出可以扣除，令公司的交稅金額相對較低。

舉例說，一名教師受僱於學校，她為了更方便和更清晰地向班上同學講解授課內容，因此自費購買無線咪和額外教材。根據稅務條例第 12(1)(a) 條，開支如果要申索扣減，需要符合 3 個元素 「完全、純粹及必須為產生該評稅入息而招致的所有支出及開支」。由於是額外開支，自費購買的部

分都不可以用於扣除薪俸稅。

那如果情況是一名開設補習社的教師購買相同教材呢？根據稅務條例第 16(1) 條，這些支出都屬於「為產生應課稅利潤而招致的一切支出及開支，均須予扣除」。同一樣的教材和無線咪，由於教師的身分和處境不同，根據《稅務條例》下的處理方法亦會有所分別。

可能有讀者會問，如果不以薪金、花紅等金錢形式發糧，改以發放公司股票或者認購公司股票期權，是否就能夠避開薪俸稅？其實根據《稅務條例》，除了薪金、花紅外，代替假期的工資、約滿酬金、代通知金、僱主提供的津貼、教育福利、股份獎賞、退休金等都屬於薪俸稅的課稅範圍內。

不過，不少新興產業的公司，例如生物科技、新能源產業、電動車、網上平台等等都偏好以股份形式激勵員工。其中一個原因是新興產業的股票升幅相對傳統行業的快，員工拿股票作為薪酬無形中是二次加薪。

可見，要減少薪俸稅，真的不易。要知道香港薪俸稅相對全球的稅率而言已經算是非常低。不少地區向納稅人徵

收的稅率可以高於 40%，某些歐洲地區更甚會徵收 50%。所以，我們還是乖乖繳稅吧。

7. 明朝張居正──一條鞭法

拖著失去靈魂的身軀，擠身讓人透不過氣來的車廂。「到底是誰發明了上班？」這問題，相信讀者大概每天也會問好幾遍。

工作的確辛苦，但只少我們有選擇職業的權利和自由。

反觀遠古明朝的百姓就沒有如此幸運了，當時明朝政府對部分行業實行了「終身受僱制」，平民不能選擇自己喜愛的工作，卻只能夠從事政府安排或繼承父輩的職業。換言之，他們打從出生開始就被分配了一輩子的職業。比方說父輩是軍人，其子孫都需要從軍，即使其子孫不擅武藝，亦不

可以轉換職業，而需要按照明朝的職業制度分配，無所通融。

從現今社會角度看來，這樣的安排或許既不能保證人才質素，也可能浪費真正的人才。例如父輩是神醫，並不代表其子孫不會成為庸醫。但亦有少數的例外，相信不少讀者都曾聽聞一代名將 戚繼光。戚繼光本來是軍戶家庭出身，其祖先曾經跟隨朱元璋作戰，建立戰功，所以其子孫能夠承襲祖職。明朝的職業劃分制使百姓成為大型機器運作下的小齒輪，亦為明朝後期的職業發展提供穩定人才。

朱元璋建立明朝後定立了不少制度，當中包括廢除宰相制度、建立錦衣衛特務機構、戶籍制度等等，目的都是想把明朝管治系統化，能夠承傳給他的子孫。雖然如此，朱元璋駕崩後，其四子朱棣很快便起兵奪位，搶了明朝第二代皇帝的帝位。

不過，平民大致都跟隨朱元璋定下的制度而行。由於父輩傳承其子孫世襲職業，亦令明朝政府易於徵收稅款，那麼當時明朝政府是如何徵稅呢？

原來，當時的徵稅方法主要是根據納稅人的職業而定。

例如家族是種植綿花，便需在收成時向明朝政府繳交綿花。那如果家族是捕魚世家呢？非常簡單，直接將活魚曬成咸魚再交給政府便可，如果直接繳交活魚應該會令政府倉庫臭氣沖天。

明朝萬曆期間，張居正出任內閣首輔（當時已經取消了宰相制度，轉為內閣制度，起初內閣只起顧問作用，後來權力集中到內閣首輔）。由於當時國庫空虛，沒有足夠的白銀補貼朝廷開支，因此很快便出現了不能發放薪金給官員的情況。雖然張居正只是剛剛出任內閣首輔，但在百般無奈下，唯有推出「胡椒蘇木折俸」。

「胡椒蘇木折俸」意指以民間繳納的實物稅款作支付官員的薪金。即是國家倉庫有甚麼就支付甚麼。當中「胡椒」（調味料）和「蘇木」（中藥）存貨最多、又最容易變壞，因此以此命名。萬一當年的農歉失收，種米的農民不能支付白米，那麼政府官員或許就只能以棉花和木柴作薪酬。

由於每次發放「胡椒蘇木」，政府官員大多都是收取調味料和中藥，達官貴人自然無需自行出售，很多商家都會上門巴結，直接開高價購買他們的「胡椒蘇木」。但一些人

微言輕的官員就需要自行在市場上出售「胡椒蘇木」了，得到的銀兩亦會有所折讓。

市場供求效應下「胡椒蘇木」供應大量增加，價錢會下跌，君不見早前香港在肺炎威脅下，口罩供應有限，藥房口罩價格是天文數字。後來，當有大量口罩供應後，價格便大幅下調。所以當時「胡椒蘇木折俸」令官員及售賣「胡椒蘇木」的商家都相當不滿，怨言四起。

後來，明朝最偉大的政治家張居正在全國推出影響後世的財經稅務改革—「一條鞭法」。以往繁複的徵稅稅種、徵稅方法全部化為徵收白銀，再以白銀支付稅款，簡化稅制。雖然在現今社會看來，這個是基本常識，但在當時社會卻已經是破天荒的稅務改革了。

「一條鞭法」中推行「賦稅合一，按畝征銀」。先計算全國土地，並將以往不同的稅種合為一條稅種，提升徵稅效率及降低徵稅成本。除了特定地區的百姓需要繳納糧食及皇室食品外，其他地區一律改為徵收銀兩並由政府自行運送，簡化程序。

「一條鞭法」推行後，由於銀兩成為官府唯一認可的

徵稅方法，促進了貨幣流通及發展，國庫收入大增。而徵稅方法亦改為以百姓的資產徵收，令稅務責任更加公平和合理。

8. 印花稅的由來

其實印花稅是歷史最悠久的稅種之一，亦是香港稅務局早期採用的稅種之一。

印花稅的由來是 1623 年荷蘭政府想快速增加政府財政收入，但又害怕市民的大型反對，所以最後就決定開徵印花稅，亦即是將合約文件需要加蓋政府印章，以保障合約雙方將來有甚麼爭執就需要手持已經支付印花稅的文件成為法律文件。

在香港，印花稅是歷史最悠久的稅種，在 1866 年已經引入香港，當時有高達 55 種徵稅類別，在 1978 年減至 13

種，1981 年再減至 4 種，而《印花稅條例》亦同年生效。在 1992 年將物業的買賣合約擴至需要徵稅印花稅的範圍。

現時需要徵收印花稅的範圍包括香港的不動產買賣、轉讓或租貸合約、香港股票及證券買賣、香港不記名文書證券、以上文件的複本和對應本都需要繳納印花稅。 只有支付印花稅的文件在「打釐印」後才有法律效力。

舉例說，如果業主和租客簽了租約，但雙方都沒有到稅務局印花署「打釐印」，若果日後租客拖欠租金，業主便不能夠透過法律程序追收租客的租金。對於租客方面，業主能夠隨時命令租客即時遷出單位而不需要根據租賃合約上所列明的「生約、死約」條款而作出賠償。

以往「打釐印」是需要向政府購買印花後再貼在文件上（類似現時寄信需要在信封上貼郵票）， 政府在日後注銷文件時會加上記號或者用金屬印章記認。 後來慢慢演變成為電子印花， 在 2004 年後可以在網上自行加蓋印花、納稅人可以無須親自提交文件到稅務局「打釐印」。

一般「打釐印」只佔交易金額的小部分金額，但近年香港政府透過印花稅作為調控香港樓市的措施，在買賣物業時

除了會徵收以往的從價印花稅，更開徵了額外印花稅、「雙倍印花稅」和買家印花稅。

額外印花稅 (Special Stamp Duty) 在 2010 年開徵，現時的稅率是 10% - 20%，以賣方持有物業期的半年 (20%)、一年 (15%) 和三年 (10%) 作徵收標準。由於額外印花稅大幅提升了賣家在三年內出售物業的成本，變相壓抑以往短期投機者的炒風。不過，由於政策推出後鼓勵業主持有物業三年後才出售物業，變相令二手物業市場的供應大幅下降，經濟學的供求效應下，2010 年後的樓市始乎都是一路向上。

在 2012 年，香港政府後見住宅價格沒有下調跡象，所以對非香港永久性居民 (包括以有限公司名義購買) 按物業市價或成交價 (較高為準) 徵收 15% 買家印花稅 (Buyer Stamp Duty)。

2013 年香港政府引入市場俗稱的「雙倍印花稅」(Double Stamp Duty)，其實「雙倍印花稅」法例上沒有正式名稱，「雙倍印花稅」是現有從價印花稅的一種，只是將交易的稅率提升一倍。在 2016 年劃一調升至 15%，所以實際上的印花稅率已經超過「雙倍」了。

　　由於香港永久性居民的第一個住宅物業可以享有以往的優惠從價印花稅稅率，所以購買住宅的「人名」是非常珍貴。如果一個家庭想持有幾個住宅物業，往往需要先將以往常見的聯名物業「甩名」到其中一名業主，再由另一位家庭成員購買住宅物業以降低印花稅。

　　而且近年低息環境下，業主持貨三年期間，亦可以透過向不同銀行申請「轉按」以換取更低的按揭利息，在銀行估價進取的情況下，業主不用出售物業已經可以透過「轉按」套現投資，透過「息差」的投資策略令供樓業主的負擔下降，變相再度降低業主的賣樓意欲，令二次樓市的交投量二次減少。

9. 永不加賦——清朝的盛世稅月

相信不少讀者都看過電影版或電視版的《鹿鼎記》，不知大家又曾否讀過小說版本呢？如有細閱其中內容，或會發現當中有一個情節是沒有在螢幕上出現過的，至少作者印象中是沒有啦。作者所指的這幕就是韋小寶秘密得悉康熙的父皇順治並不是宮中所傳的暴病身亡，卻是因為情傷，前往五台山出家成僧，法號「行痴」。

康熙知悉後本想和韋小寶一同出宮前往五台山尋找父皇，可是害怕離開皇宮，其人不在，假太后會影響其管治權，便派韋小寶自行前往五台山尋找「行痴」。

　　韋小寶遇到「行痴」後，「行痴」托其把《四十二章經》交給康熙，並叮囑康熙如果想要天下太平，務須牢牢緊記經文首頁的四個大字「永不加賦」。不得不說，金庸筆下的小說情節叫人驚嘆，「永不加賦」四字的確意味深長。

　　要知道「大炮一響，黃金萬兩」，不論戰役的大小，每場戰爭都是燒錢的行為。當時正值吳三桂準備造反之時，清朝政府因而未雨綢繆，積極投入軍事準備，希望吳三桂正式造反時，能即時平定戰亂，這亦意味著朝廷支出暴增。然而「永不加賦」指新增的人口免徵收稅款，變相令清朝政府的財政收入停留有限度的增長，不足以彌補即時的軍備損耗，教人為難，因此在歷朝歷代都難以真正推行。

　　然而，康熙謹記父皇教誨，堅持嚴格執行「永不加賦」。深信「永不加賦」藏富於百姓手上，才能真正使百姓安居樂業，從根本提升市民對政府的信心，減少造反心態，達到真正的天下太平，短暫的虧蝕換來長遠的安穩，絕對是利多於弊。

　　當然，「永不加賦」真正成功落實是在康熙五十一年（即公元 1712 年）。相信韋小寶當時已經兒孫成群，抱孫四

處遊樂了。康熙五十一年以後，更是提倡「滋生人丁，永不加賦」，意思指日後人口上升，都不會增加丁稅（人口稅）。這項稅務誘因相繼吸引老百姓們踴躍添丁，令清朝從此人口大幅提升。正所謂「人多好辦事」，大大提升當時的生產效能，振興經濟。因此，康熙、雍正、乾隆三位皇帝在位之時，亦被稱為康雍乾盛世。

順治帝強調的「永不加賦」使清朝的賦稅制度產生重大改變，更有學者認為「永不加賦」其實是清朝政府立國的根基。的確，對比明朝的高稅制度，清朝政府的低稅制度更能夠安撫百姓，達到盛世的風光。

10. 飲「肥仔水」需要繳交「肥仔稅」？

「好肥呀，但又好想飲可樂呀！」

相信讀者亦感同身受，對「肥仔水」也是又愛又恨。著名球星 C 朗亦無懼得罪贊助商，在新聞發佈會上拿走可樂，高舉樽裝水。

不少醫學文獻都指出：若人體吸收過量糖分，即使是黑糖、蜂蜜糖，都會對身體帶來不良影響。不良後果包括令人肥胖、增加患上心臟病、糖尿病、癌症等風險。

在 2018 年 4 月，英國政府正式向汽水生產商開徵糖稅

(Sugar Tax)，令使用糖份的成本大大上升。藉此希望生產商為節省成本而改良其生產配方，使汽水含糖量大幅降低，好讓一眾汽水愛好者同時收獲喜悅和健康。

稅金徵收分為兩部分：第一稅階為每 100 毫升含 5 克以上糖分就要徵收每公升 18 英磅；第二稅階則是每 100 毫升含有 8 克以上糖分就要徵收每公升 24 英磅。糖稅的徵收範圍主要針對汽水生產商。然而，果汁、牛奶、咖啡和其他零食並不在其內。

不少汽水生產商繼而質疑開徵糖稅的公平性和效用，批評徵稅對象不應只針對汽水生產商。認為市面上存在其他高甜度飲料、朱古力和餅乾等加工食品甚或比汽水含糖量更高，政府理應一視同仁。再者，這樣只針對汽水的徵稅會令市民產生錯覺，以為飲用添加大量糖分的果汁、牛奶會比飲用汽水健康。變相大大威脅汽水生產商的營利，而市民也不會變得較健康。

正所謂「你有張良計，我有過牆梯」，汽水生產商並沒有因此坐以待斃。他們對準糖稅的稅務漏洞，稍微更改了生產配方，以代糖取代添加糖。另外推出全新的「無糖」配

方和「低糖」配方，成功避開糖稅。

香港的營養標籤制度生效後，「低糖」的定義為每 100 毫升含有不多於 5 克糖；「無糖」的定義則為每 100 毫升含有不多於 0.5 克糖。每罐汽水的糖分顯然減少了，讓人喝起來感覺心安理得，不知讀者是否因而喝多了汽水呢？在外國地區開徵糖稅的政策下，「低糖」和「無糖」配方的汽水銷量的確大幅提升，民眾或比未開徵糖稅前攝取更多糖分了。

不少經濟發達的城市都相繼開徵類似的糖稅，香港卻暫未聽聞政府有意開徵類似的糖稅。政府於 2015 年成立的「降低食物中鹽和糖委員會」與糖稅則大同小異，都是希望市民能食得開心又健康。只不過比起採用外國常見的以稅務政策阻礙市民行為，香港的「降低食物中鹽和糖委員會」是透過不同的活動，以教化的方式，鼓勵市民明白健康飲食的重要性。

以稅務政策壓抑市民行為其實是非常常見的做法。例如在香港購買車輛需要支付「汽車首次登記稅」，最高的稅率高達車價的 132%；在 2019/20 年度，香港的煙草稅收入高達 70 億港元，以用作提供戒煙服務。以上各種稅務政策

透過增加市民的成本，令更多人減低購買汽車以產生氣體排放、吸煙、飲烈酒等不利社會整體發展的行為。重返正題，糖稅同樣具增加市民成本之效，因此普遍能夠令民眾的糖分攝取量下降。

　　甜食的確令人吸引，大口大口進食，大快人心。當我們進食糖分時，大腦會增加胰島素的分泌，令我們迅間快樂。作者心情低落時也會特別想吃甜品，每次吃完都會有即時的喜悅。但期後血清素會慢慢減少，快樂的感覺也會隨之消失，甚至使人更加失落。因此，日後大家若有壓力或是情緒低落時，盡可能避免以加工甜食麻木自己，不妨嘗試以吃水果代替，同樣令人感到愉快之餘，亦會更健康。

11. 香港何時有薪俸稅

2021 年 5 月，香港稅務局發出了超過 260 萬份個別人士報稅表，納稅人需要就每年的 4 月 1 日至翌年的 3 月 31 日期間的薪俸入息在報稅表上申報，並在報稅期限前提交給稅務局。

根據稅務局發出的年報，過去幾年間薪俸稅的稅款收入都長期高於 500 億港元，平均佔每年的稅務收入 15% 以上。而稅務局稅收佔政府的一般收入平均超過六成，對政府維持日常運作、興建基建帶來重要貢獻。

薪俸稅有兩種計算方法，其中一種是累進稅率，扣除

免稅額及扣稅項目後，稅率由 2%-17%。另一種是標準稅率 15% 計算薪俸稅稅務金額。受薪僱員、董事、退休金等都會需要徵收薪俸稅，若果納稅人的薪俸入息經累進稅率計算後，相對標準稅率高，稅務局會主動採用標準稅率以減輕納稅人的稅務負擔。

相信讀者每年五月收到綠色的報稅表時都會心頭一震，因為報稅後不久就需要打開荷包，貢獻社會。在報稅時，讀者要記得要善用《稅務條例》下讀者能夠申索的免稅額和扣稅項目，合法合規地減輕讀者的稅務負擔。

讀者每年收到稅務局發出的「綠色大信封」，是否知道究竟是從何時開始香港便有薪俸稅呢？香港在當時是小漁村時其實並沒有薪俸稅，因為當時人口少，大部分都是「自僱人士」(自行打魚、耕田，都算是小老闆吧)

其實香港有薪俸稅都是 1940 年以後才有的稅種，當時的《香港華字日報》刊登了開徵薪俸稅的新聞。當時開徵薪俸稅，主要是用作準備戰爭時的經費而開徵的新稅種。在當時年薪超過 $4,800 的納稅人需要繳交薪俸稅，當時有大約 4,000 人需要繳付薪俸稅。納稅人口大約佔當時香港人口的

1%。

　　隨著經濟發展及物價通貨膨脹，香港稅務局亦不斷提高免稅額和扣稅項目，不過薪俸稅亦已經成為今時今日，香港政府財政收入的一個重要來源。

12. 香港納稅人約章——權利和義務

相信大部分讀者都聽聞「約法三章」，「約法三章」原本意思是指秦朝末期，劉邦成功攻入秦朝咸陽後，和當地百姓承諾將原本秦朝的嚴刑峻法，簡化為主要三條，「殺人者死、傷人及盜抵罪。

讀者又是否知道原來香港稅務局都有「納稅人約章」？

「納稅人約章」是為每一位需要處理稅務事宜的人士、公司、合夥業務等機構而設定

「納稅人約章」列出納稅人的權利和納稅人的義務，

「納稅人約章」目的能夠令納稅人了解自己的稅務權利、義務和期望稅務局的服務標準。

納稅人的權利：

1. 稅務負擔

納稅人只須繳付依法所徵的稅款。

2. 以禮相待

在處理稅務事宜時，納稅人有權獲得禮貌的待遇。

3. 專業服務

納稅人有權獲得稅務局迅速地按所承諾的標準提供服務。你可期望我們協助你瞭解和履行稅務義務。

納稅人可期望稅務局以公正、專業和公平的態度處事。

4. 私隱保密

納稅人所提供的資料只作法例許可的用途；除法例另有授權外，不會向任何人披露。

5. 查閱資料

在法例許可下，納稅人有權查閱有關自己個人稅務資料。

6. 雙語服務

納稅人有權選擇稅務局的服務以中文或英文提供。

7. 投訴上訴

倘若納稅人對稅務局的服務感到不滿意，納稅人有權向稅務局或申訴專員提出意見和投訴。就作出的評稅，納稅人有權提出反對和上訴。

納稅人的義務

1. 誠誠實實

納稅人應誠實地處理稅務事宜。

2. 依法申報

納稅人應於指定時限內提交正確的報稅表和文件，並提供完整和準確的資料。

3. 繳納稅款

納稅人應準時交稅。

4. 保存紀錄

納稅人應保存充足的紀錄，以利確定稅款。

5. 保持聯繫

納稅人的業務或通訊地址如有更改，應通知稅務局。

未知讀者覺得以上的「納稅人約章」那幾項對你特別重要？

在作者的角度，「依法申報」和「保存紀錄」是非常重要，納稅人萬一處理不當會收到稅務局的信件進行稅務調查。屆時的稅務煩惱將會令納稅人帶來沉重的心理壓力和財政壓力。要知道當稅務局正式對納稅人展開稅務調查，稅務局是可以追溯過往 6 年漏報的稅款再加上罰款。

其實要保存紀錄並不太困難，由於稅務局是接受電子形式的紀錄。若果讀者害怕沒有位置放置文件，可以考慮將文件儲存到電腦雲端，如此一來既能夠節省儲物空間，又不用害怕稅務局抽查時不能提供文件。

13. 提升股票印花稅能否帶旺股市和樓市？

2021 年 2 月 24 日，正當香港恆生指數正在挑戰歷史高位之際，香港政府決定提高股票印花稅，由 0.1% 調高至 0.13%，升幅達到 30%。在港府公布有關消息後，美國證券交易委員會在同一日宣佈，從 2 月 25 日起，美國證監會賣出的股票收費會由 0.00221% 下調至 0.00051%，收費減幅超過 7 成。

在 2021 年 6 月 2 日，立法會三讀通過《2021 年收入（印花稅）條例草案》，並在 2021 年 8 月 1 日正式生效。

香港政府預計提升股票印花稅至 0.13% 後，每年可以

為香港政府帶來大約 180 億的額外收入以應付日益增加的財政開支。

調整後的股票印花稅，每 10 萬元交易會增加 $30 印花稅。

不過相信有在股票市場投資的讀者而言，每 10 萬元交易的額外 $30 印花稅應該只佔投資回報的一個極少比例。事關股票一買一賣的買賣差距已經遠超 $30。

事實上，在香港買賣股票仍然有一定吸引力。不論讀者是短炒型投資者、中長線以收取股息的投資者，香港都沒有對短炒股票獲利徵收資產增值稅。香港以外很多地方的股票市場，短線投機獲利是需要徵收資產增值稅。至於喜歡收取股息，賺取被動收入的投資者，亦無須就收取股息而繳納股息稅。

試想像，上市公司派發股息時，股價會作出除淨調整，在投資者的財務而言，理論上是左手交右手。舉例說，股價是 $100，假設派發股息 $8，在香港沒有徵收股息稅情況下，上市公司派息後，股價會除淨至 $92，投資者會收到 $8，投資者的財富總值都是 $100。

但如果購買其他股票市場而被徵收 30% 股息稅，股價同樣會除淨至 $92，但投資者真正收到的股息只有 $5.6（其中 $8 的 30% 是股息稅），投資者財富總值就是 $97.6。 如此一來，投資者寧願上市公司不派發股息了，派股息後的財富總值反而會被當地政府徵收股息稅後而下跌了。

同樣概念同樣適用於股票增值稅，如果讀者購買 $100 股票，升值 40%，讀者能夠收到 $40 股票增值。如果投資在需要徵收股票增值稅的地區，股票同樣升值 40%，當中有 30% 是股票增值稅，投資者真正收到的回報只有 $28（其中 $40 的 30% 是股票增值稅）。

當然，上述例子簡化了投資者是以個人名義買賣股票，而非透過公司買賣股票，否則有機會被香港稅務局徵收利得稅。

股票印花稅 vs 物業印花稅

另一邊廂，相信讀者常常聽聞某某明星、某某富豪買賣有限公司去降低印花稅金額。其實準確而言，是透過轉讓一間擁有物業的有限公司，而有限公司轉讓只需要支付 0.13% 印花稅（讀者沒有看錯，0.13% 印花稅同樣適用於未上市的

有限公司，所以增加股票印花稅並不只是影響上市公司。當中印花稅可以是買賣雙方各自支付 0.13% 或由其中一方支付全額 0.26%)。而物業印花稅相對就高得多了，既有本身的從價印花稅，如果買家本身香港有住宅物業，購買其他住宅物業要支付 15%「雙倍印花稅」。若果購買住宅物業在三年內賣出，更要支付高達 20% 的額外印花稅。

試想像一個市值 1,000 萬的住宅物業，如果由非本地居民購買，他需要支付 15% 從價印花稅再加 15% 買家印花稅，物業印花稅合共為 $300 萬。如果該名買家購買有限公司，即使全數支付買賣雙方的股票印花稅亦只是 0.26%，股票印花稅為 $26,000。相比之下，買家能夠節省超過 297 萬的印花稅。

當然，轉讓有限公司亦有一定風險，例如有限公司會否含有隱藏債務，而且買家以轉讓有限公司形式持有物業在按揭安排上亦有一定難度，可能需要先全額支付樓價，然後再承造按揭。有見及此，不少有財力及精通財務技巧的投資者非常喜歡透過轉讓有限公司以達到節省印花稅的效果。

至於有關香港永久居民購買住宅物業，購買非住宅物業

的印花稅資料，由於篇章所限，日後有機會再詳細向讀者解說。

14. 「避稅天堂」真的可以避稅嗎？

　　作者日常經常收到稅務客戶查詢如何可以在稅務條例下合法降低稅負，亦不時收到客戶查詢避稅港 (tax haven) 和避稅天堂 (tax heaven) 到底是在甚麼地方？其實兩者都是泛指一些低稅率、少當地政府規管的地方，當中包括：巴拿馬、英屬維爾京群島 (British Virgin Islands)、開曼群島 (Cayman Islands) 等太平洋、大西洋的小島國家。由於它們對企業只徵收很低的利得稅或個人稅稅率，有不少跨國企業都會將全球業務的一部分設置到當地以降低集團整體的稅務負擔。

其實這些小島的土地面績並不大，以讀者經常聽到的 BVI 為例，土地面積只有大約 150 平方公里（相等於兩個香港島的大小），人口只有約 2 萬人，可想而知大部分在 BVI、Cayman 開設的公司都屬於離岸公司，東主並非真的會親身飛去這些擁有陽光與海灘的小島上工作這麼寫意。

一個土地小、人數少的避稅港，為何會吸引如此多境外納稅人去開設離岸公司呢？

舉 BVI 為例，無他，因為 BVI 屬於英聯邦成員國之一，用英國普通法為依據，很多法律上的處理方法都可以引用普通法的案例。例如：某君在英國打贏官司，該案例可以適用於香港、澳洲、新加坡或者 BVI 等英國普通法法制的地方，令投資者有以往的法律案例支持。法律上增強開設 BVI 公司的信心。

所以都反映為甚麼某些富豪特別喜歡投資英聯邦法律體系的國家，例如：加拿大油公司、澳洲葡萄園、英國房地產及其他大型基建等等。因為將來萬一將來要打官司，他們背後熟悉香港法律的律師團隊，可以引用普通法的案例去支持，減少法律風險。

　　而且，成立 BVI 公司之後，股東毋須繳稅給當地政府。BVI 和香港同樣是沒有外匯管制，每年需要申報的資料又不多，所以吸引很多富人透過開設 BVI 離岸公司做稅務籌劃以隱藏股東身份。由於不用提交財務報表，又不需要納稅，以往這些低透明度的做法都是可以隱藏海外資產。當然，合法與否就需要視乎不同地區的稅務條例了。

　　至於其他避稅港的稅務政策都是大同小異，所以很多跨國企業或高資產財富人士都會借離岸公司將收入或資產轉移，從而將高稅率地方賺到的錢搬去低稅率、或者零稅率的地方。運用納稅人所在的稅務地區的稅務漏洞，將收入和利潤搬往其他地方。

　　常見例子出現在美國的跨國電子商貿企業，他們將利潤放在美國海外公司 (特別是愛爾蘭)，在美國稅務改制之前，只要海外公司不將錢運回美國，就不需要納稅 (英國稅制也有類似情況)。

　　如是者，該企業在海外地區賺到錢後，美國總公司都是長期沒有現金 (原因是收入和利潤都存放在愛爾蘭，所以美國總部真的沒有現金流入) 而需要不斷問海外公司「借錢」

或者在債券市場上發債集資，再透過海外公司還債從而符合美國或英國的稅務條例而不需要向高稅率的地區繳納大量稅金。

在 2021 年，英國政黨甚至主動要求翻查以電子書起家的大型電子商貿平台，懷疑它們將接近 900 億港元的收入從英國轉移至歐洲的避稅天堂盧森堡，實際應該要支付給英國政府的稅項少了近 5 億港元一年。無怪近年不少國家都要求開徵「網絡稅」、「電子商貿稅」以及設置「全球最低企業稅率」，以避免電子商貿的經營模式令各地政府的稅務收入大幅下降。根據作者撰寫此書時，經濟合作暨發展組織（OECD）的成員國大部分都同意將「全球最低企業稅率」訂為 15%，並向全球營業額超外超過 200 億歐元，稅前利潤率超過 10% 的跨國公司徵收相關稅款，預計 2023 年實施。

相信屆時稅務行業又會有新一輪的發展空間了！

有趣的是，由於香港出名稅率低，稅種少（無資產增值稅、無遺產稅、無股息稅），曾經一度被歐盟列入避稅港名單。

15.「不患寡而患不均」——
共同富裕計劃？

最近閱讀香港的報章時，不少報章都轉述內地的《經濟日報》，指現時內地居民的稅種及稅率負擔不輕，建議向平民減少稅種及降低稅率後，再開徵「財產稅」，例如按房產市值收取的「房產稅」或「遺產稅」等以財產、財富為徵收對象的稅種，以達至全民共同富裕的崇高目標。

以上新開徵的稅種是希望「讓一部分人先富起來」後，能夠為經濟發展帶來貢獻，借助稅務制度，以平衡高收入及高財富人士的財富分配方法，將多徵收的稅款能夠抵銷向低收入及低財富人士提供的優勢稅率。

在不少稅務地區都出現向高收入、高財富人士徵收額外稅收，目的是希望以稅務政策調節他們除稅後的收入。在美國，財產稅最高可以佔美國州份稅收的 80% 以上，是重要的稅務收入來源。

由於在此之前，國務院發出《關於支持浙江高質量發展建設共同富裕示範區的意見》，市場推測首個開徵財產稅的先行試點將會是浙江省，以稅務政策及收入分配制度改革等措施，減少收入差距，令到全民共同富裕。試點推行成功後，會將成功個案複製及推廣至其他省份。

無獨有偶，跨國網絡巨頭已經推出 500 億元人民幣的「共同富裕專項計劃」，金額相等於該上市集團三分之一的淨利潤，希望以集團的科技能力，為低收人人士增加收入及改善基層醫療、教育等民生領域，能夠實踐企業社會責任的同時，又能夠促進共同富裕。

其實香港以往亦曾經推出「遺產稅」，後來在 2006 年後正式廢除。 詳情可以翻閱第 1 章。

拙作推出時，由於內地稅務機關尚未正式公布有關開徵財產稅的詳情，日後有機會再向讀者詳述。

02 香港稅務
應用個案

16. 網上商店——無所遁形

不知大家早前有否在社交媒體及論壇上看過一篇有關 12 歲少女於網上拍賣平台出售二手物業的報導。該名少女因而被稅務局追收過去幾年的商業登記費，連同政府罰款合共 $8,250 港元。事主家長指交易純屬興趣，並不把其當作商業行為，且過去幾年也只有交易十數單，為事件感到相當無奈。不少市民則表示詫異，由於把自己用不著的物品放上二手買賣平台出售是再平常不過的事，因此或許誤中地雷也不自知。

根據《商業登記條例》規定，在香港經營業務的人士

需要在開業之日後 1 個月內，為公司業務申請商業登記證，並將有效的商業登記證顯示在營業地點。 若商業登記資料有所變更，經營者需要在 1 個月內以書面通知稅務局。

故此，根據稅務局的角度，只要是經營業務，不論是透過互聯網經營業務還是開設實體商店的人士同樣須遵守商業登記規定。

因此，故事的重點是：不論你只是一位 12 歲的小朋友，或是在其他網上二手平台放售物品的成年人士，只要相關活動被稅務局視為在香港進行「業務」，則需要申請商業登記證，申請商業登記是沒有任何年齡限制的。

那麼，稅務局會考慮甚麼因素而決定是否需要申請商業登記證？

就網上業務而言，稅務局會綜合查看有關人士進行的活動，包括在何處及如何採購貨物、是否有進行推廣活動、如何銷售物品、如何運送物品、如何交收及支付等等因素，以及網上業務的活動規模和進行地點等相關情況，以確定有關活動是否構成在香港經營業務。

萬一真的需要申領商業登記證，納稅人能否申請轄免商

業登記費呢？原來合資格人士可以向稅務局申請轄免商業登記費及徵費，如果每個月的平均銷售額低於 3 萬港元（服務行業為每個月平均生意額 1 萬港元），在現有商業登記證有效期到期前一個月前提交書面申請，稅務局批准後就可以轄免一年的商業登記費。值得留意的是，如果東主有兩個或以上的獨資業務或合伙業務，則不可以申請轄免。另外，有限公司同樣是不可以申請轄免。

那麼，需要申請商業登記證是否等同於需要繳納利得稅呢？兩者其實是出於不同的法律條例，分別為第 310 章《商業登記條例》，以及第 112 章《稅務條例》。(讀者可能會問：是四十二章經的朋友嗎 ?) 因此兩者並不能相提並論。

根據《稅務條例》第 14 條，任何人在香港經營行業、專業或業務，而從該行業、專業或業務獲得於香港產生或來自香港的應評稅利潤，便須繳交利得稅。簡單而言，在香港經營業務而產生利潤則需要繳交利得稅。捉字蝨的讀者或會問，如果不在香港經營、或者經營業務但沒有獲得應課稅利潤，是否需要繳交利得稅呢？答案的確是不需要的。

不過，申請境外利潤豁免 (Offshore profits claim) 以證

明不在香港經營業務，以及分辨不屬於應課稅利潤的資本收入 (capital nature) 是相對複雜的稅務概念，作者會在第 22 章以其他例子再向讀者說明，此處先不詳細解說。

　　假設讀者在二手平台上出售物品，由於二手物品殘舊，以買入價的極大折讓出售，業務本身是虧損，當然不需要繳交利得稅。可是，讀者收到稅務局發出的利得稅報稅表後，仍然需要遵守《稅務條例》中的各項規定按時填寫報稅表，再提交給稅務局。最後，謹記把所有收入和開支紀錄保存最少 7 年，以符合《稅務條例》第 51C 條的規定，違者最高可被稅務局罰款 $100,000。

17. 老闆是時候要「賠償」我了！

子華神曰：「點解公司要出糧俾我？唔係因為公司得到啲咩，而係我喪失咗啲咩，所以嚴格嚟講，你每個月底俾我嘅唔係糧，而係賠償。」

子華神所謂每個月從老闆收到的「賠償」，眾所周知，都需把其申報在個人報稅表上，並以薪俸稅或以個人入息課稅方式繳納稅款。這點不用作者多說。

那麼，一般認知中的僱員「賠償」，例如與工資相關的福利，又是否需要繳納薪俸稅呢？

在此時，「賠償」就需要有明確的定義了

1. 代通知金

代通知金指讀者離職時根據與僱主簽定的僱傭合約條款或《僱傭條例》的規定，從僱主處收取的賠償。《僱傭條例》第 7 條訂明，僱主或僱員任何一方若同意向對方支付代通知金，即可以其代替通知期，能隨時終止該合約。簡單而言，代通知金即是被老闆「炒魷魚」，被要求即時離開公司所獲的賠償金額。

代通知金的金額則按僱傭合約條款或《僱傭條例》的規定計算。由於終審法院就《稅務條例》所作的裁決執法，代通知金被視為納稅人因為受僱工作而得到的入息，仍然為薪金一部分。因此即使納稅人被老闆「炒魷魚」心理上難受，仍不能避免就通知金向稅務局繳納薪俸稅。

2. 假期工資

假期工資指因放棄假期而折算成的薪金。肺炎來襲，香港人如此喜愛旅行卻未能出國，積累了不少年假 (annual leave) 都未知如何使用，唯有不時 Staycation，幻想自己正在周遊列國地嘆世界吧。作者以往在「四大會計師事務所」就職期間經常日以繼夜、夜以繼日地工作，也累積了不少

「加班假」(OT leave)。而不論年假還是加班假,若於某個時限前不放假,離職時都會全數變為現金,並會被視作薪金一部分而要繳納薪俸稅。

3. 因工作受傷而得到的賠償

在《僱員補償條例》的保障下,員工在受聘期間因工傷而得到賠償,不需把其申報在個人報稅表上。因為這筆金額真的是額外「賠償」,而非工資的一部分。

4. 遣散費及長期服務金

遣散費本質上和被老闆「炒魷魚」而收到的代通知金有些微差別,因此稅務處理上也會有所分別。遣散費指員工受僱不少於 24 個月,公司結業或被僱主裁員時,根據《僱傭條例》下發放的金額。

長期服務金指員工受僱不少於 5 年,而遭僱主解僱或年滿 65 歲辭職時所收取的金額。

以上兩者都是按《僱傭條例》計算的法定款額支付,金額為 5 萬元,而較有人情味的僱主或會支付 20 萬元。當中只有法定計算的 5 萬元能豁免繳交薪俸稅,而多出來的 15

萬元則會被視為薪金的一部分，而需繳納薪俸稅。

5. 退休金

「咬長糧」是屬於應課稅入息的一部分，是因為以往受僱工作而收取的收入，所以需要計算在薪俸稅。

不過，無論是否需要繳納薪俸稅，相信讀者都希望僱主能夠在員工離職時多多益善，增加「賠償」金額吧。

18. 大叔的愛

早前 VIU TV 熱播的日本改編同名電視劇《大叔的愛》，講述兩名男主角相識相愛的故事，成為大眾茶餘飯後的話題。除了因為內容含大量搞笑場面外，《大叔的愛》更是香港首套談及同性戀 (LGBT) 的喜劇，可算是香港娛樂產業的一大突破，因此引起高度關注和熱度，當中主演的當紅男子組合 Mirror 成員更一度人氣爆升。

其實《大叔的愛》之所以為一大突破，是由於香港政府並未像外國般承認同性婚姻。根據香港法例 第 181 章《婚姻條例》 第 40 條，婚姻必須「經舉行正式儀式，獲法律承

認，是一男一女自願終身結合，不容他人介入」。因此，香港法例下承認的合法婚姻只可以包括一男和一女，同性伴侶並不符合《婚姻條例》的定義。

然而，《稅務條例》下的同性婚姻卻被視作有效的婚姻。同性伴侶能夠選用已婚人士及配偶分開評稅或合併評稅的方式，從而享有與已婚人士一樣的稅務權利。

由於香港奉行普通法系，法庭上採用判例法。即是如果法官已經在法庭上做出判例，日後納稅人若有相似情況，法院會以判決先例作參考。

2019 年，有納稅人就同性婚姻的稅務權利上訴至終審法院，終審法院作出判決，同性婚姻會被視為有效婚姻。

《稅務條例》第 2(1) 條訂明「婚姻」的定義為：

(a) 香港法律承認的任何婚姻；或

(b) 在香港以外任何地方由兩個有行為能力結婚的人按照當地法律而締結的婚姻，不論該婚姻是否獲香港法律承認。

上訴人於新西蘭締結同性婚姻，獲得當地法律承認。

由於上訴人指當時稅務局局長拒絕納稅人就《稅務條例》第 10 條選擇「合併評稅」，其後終審法院出了以下聲明：

(a)「婚姻」一詞在《條例》第 2 條 (b) 項下的釋義須理解為「在香港以外任何地方由兩個有行為能力結婚的人按照當地法律而締結的婚姻，不論該婚姻是否獲香港法律承認，但如二人性別相同，而他們締結的婚姻純粹若非因二人性別相同便本應屬《稅務條例》所指的婚姻，則就該婚姻而言，須視作他們有行為能力結婚」；及

(b) 為施行《條例》，提述為：

> (i) 「丈夫與妻子」須理解為「已婚人士與其配偶」；
>
> (ii) 「並非與丈夫分開居住的妻子」須理解為「並非與已婚人士分開居住的配偶」；以及
>
> (iii) 「丈夫或妻子」須理解為「已婚人士或其配偶」。

因此，根據《稅務條例》，同性婚姻會被視作有效婚姻。納稅人及其配偶可以能夠選用已婚人士及配偶分開評稅或合併評稅的方式，並且有權利根據《稅務條例》下為納稅人配偶申請免稅額或稅項扣除。

19. 按揭貸款利息如何扣稅？

相信大部分香港市民都以擁有私人物業為財務目標。所謂「有土斯有財」，這個傳統華人智慧和理財觀念的確深入民心。

全球央行自 2008 年起實行「量化寬鬆」貨幣政策後，銀紙一度貶值。2020 年全球金融市場大幅動盪，各國央行推出加強版的「量化寬鬆」貨幣政策，規模是 2008 年的倍數上升。

相信讀者對於電視、報紙、股評人、樓市專家不斷重覆美國「印銀紙」的畫面絕不陌生。那麼，如果我們將這個抽

象的概念化為數字,是甚麼意思呢?

原來美國「印銀紙」的速度是每幾年翻倍一次,以下是幾個重要的時間點:

在 2008 年年初,美國聯邦儲備局的資產負債表規模是 0.89 億美元

在 2014 年年初,美國聯邦儲備局的資產負債表規模擴張至 4.03 萬億美元

直至 2021 年年頭,美國聯邦儲備局的資產負債表規模達到驚人的 7.33 萬億美元

由於全球中央銀行正加緊「印銀紙」的速度,變相不斷降低「銀紙」的購買力,而在華人社會偏好「磚頭」的情況下,香港樓市不斷創新高。

香港政府在 2019 年放寬首置人士的按揭成數,令 1,000 萬以下的物業按揭金額最高可承造 800 萬。物業升值,令不少業主都透過加按現有的物業,以獲取額外資金作其他財務投資。

其實,按揭貸款利息開支可以有以下的不同方法作出稅

務扣除：

第一種方法是個人名義持有物業而自住，申索居所貸款利息扣除 (Home Loan Interest)

相信不少讀者都有置業，而當中大部分都需要透過申請按揭貸款以購買物業。在每年的個人報稅表上，讀者可以就自住物業的按揭利息申索扣除居所貸款利息 (Home Loan Interest)，唯讀者申索時必須符合下述所有條件：

- 是該住宅的業主（即唯一擁有人、聯權共有人或分權共有人），而有關物業的業權是以土地註冊處的註冊擁有人紀錄為準；

- 住宅是根據《差餉條例》作個別評估應課差餉租值的單位，即該住宅必須在香港境內；

- 住宅在有關年度內是全部或部分用作納稅人的居住地方 (如住宅只是部份用作居住地方，所獲扣除的居所貸款利息須作適當的扣減)；

- 在有關課稅年度內所繳付的居所貸款利息的有關貸款，是用以購買該住宅；

- 該貸款是以該住宅或任何其他香港財產的按揭或押記作

為保證;以及

- 貸款者是《稅務條例》第 26E(9)條所訂明的機構,即:

    (a) 政府;

    (b) 財務機構;

    (c) 註冊的儲蓄互助社;

    (d) 領有牌照的放債人;

    (e) 香港房屋協會;

    (f) 你的僱主;或

    (g) 經稅務局局長批准為認可的組織或協會。

讀者在每個課稅年度的可容許扣除額為 $100,000,上限為 20 年。如果讀者置業時同時購買車位,只要車位是在同一物業內,讀者亦可以為車位的按揭申索居所貸款利息。

不過,以下是一些有關居所貸款利息扣除 (Home Loan Interest) 最常見的問題:

A. 住宅是加按或轉按,貸款用於其他用途

如果住宅物業已經在多年前償還按揭貸款,而讀者希望重新承造按揭或者是加按、轉按物業而取得的貸款,由於加

按或轉按的貸款金額不是用於購買現時的住宅，加按或轉按的貸款不屬於「居所貸款」和「居所貸款利息」的定義，所以加按或轉按而產生的按揭利息開支是不可以用作申索居所貸款利息的。

B. 物業是透過「樓花」形式購買

近年不斷有大型住宅項目落成，相信讀者不時都會看到報章報導售樓處現場人山人海的畫面。無他，排隊者都希望以預售樓花的形式購買新落成的住宅物業。作者當初創業亦和購買樓花有關，詳情可以閱讀拙作的後記部分。

但是，根據《稅務條例》，由於發展商仍然在興建物業，業主在供款期間並沒有正式入住單位，在住宅正式落成前亦不是納稅人的居住單位，所以並不符合「居所貸款」和「居所貸款利息」的定義。因此，在建築期間所支付的按揭利息開支同樣是不可以用作申索居所貸款利息。

C. 物業是由讀者自己一人的入息申請，但是以聯名形式和家人一同購買

雖然申請供款是以讀者一人的名義申請，或只有讀者一人負責供款，但是由於讀者是以聯權或分權共有人身分擁有

該住宅，可扣除的已繳付利息需要按照擁有人的人數或擁有的業權比例作扣減。可扣除的利息款額不可超過按比例扣減後的上限。

例如，物業是以三兄弟的形式一同購買，讀者佔 40%，其餘兄弟各自佔 30%。即使讀者全年支付的利息為 18 萬，但由於《稅務條例》所訂的上限為 $100,000 一年而按讀者的業權比例只有 40%，所以居所貸款利息款額最高只有 $40,000 ($100,000 x 40%)，而不是讀者真金白銀付出的 18 萬港元。

那麼，擁有 60% 業權的其他兄弟，他們可以申索居所貸款利息嗎？如果他們沒有為物業按揭貸款支付利息，根據《稅務條例》都不能扣除任何居所貸款利息。

D. 業主和供款人不同的情況

近年常見的置業現象都是由父母出資協助子女「上車」，若果物業是由子女名義購買，但實際借款人及供款人都是其父母，那麼子女或者父母哪一方可以申索居所貸款利息呢？

原來，在這種情況下，不論子女（業主）或者父母（支

付利息的一方) 都不可以申索居所貸款利息，只有業主在有支付利息的情況下才符合資格可以申索居所貸款利息。

E.「金屋藏嬌」又如何？

讀者不要誤會，作者所指的「金屋藏嬌」只是形容：如果讀者兩夫婦各自擁有一個住宅物業，閒時兩位會前往不同住宅居住，又能否同時為兩個物業的供揭利息申索居所貸款利息呢？

根據《稅務條例》，讀者只可以為其中一個物業，並被視為共同主要居住的地方申索居所貸款利息。如果讀者夏天前往其在香港境內的甲物業避暑，冬天前往其在香港境內的乙物業避寒，讀者就需要按居住時間比例申索居所貸款利息了。

例如，夏天在甲物業居住了 6 個月，全年支付了 10 萬利息；冬天在乙物業居住了 6 個月，由於乙物業為多年前買的住宅，已經全數清還按揭，所以沒有任何按揭利息。全年產生的利出支出合共有 10 萬，雖然並沒有超過每年的申索上限，但由於讀者只有一半時間在甲物業，所以理論上只可以申索 5 萬元 (10 萬除以 12 個月再計算 6 個月) 的居所貸

款利息。

F. 轉按時提早還款被原銀行罰款

由於現時很多銀行都推出按揭優惠，既能夠享有更低的按揭利息 (1.5%-2%)，又可以獲取轉按回贈（一般有按揭貸款金額的 1%-1.5%，以往更加可以高達 2% 回贈），所以不少讀者都曾把自己的物業轉按。

轉按是由新銀行為讀者提早償還原銀行的貸款，所以是轉按屬於原銀行的提早還款，而讀者會由欠原銀行變為欠新銀行。如果讀者在原銀行的罰息期（一般是按揭期首兩年）期間提早還款。原銀行一般會收取手續費或罰款，由於銀行的手續費或罰款並不屬於按揭供款利息的定義，所以在《稅務條例》上是不可以申索居所貸款利息。

第二種方法是以個人名下持有物業再出租獲得租金收入

如果讀者把物業出租而獲得租金收入，而繳納物業稅本身是沒有任何按揭貸款利息可以扣除的，但如果讀者選用個人入息課稅再申請扣減按揭貸款利息，利息上限為物業的應評稅淨值，變相按揭貸款利息能夠降低出租物業的收入，從而降低以個人入息課稅計算的稅項款。

可是要留意的是，如果讀者長期不在香港居住，就沒有資格選擇個人入息課稅，變相按揭貸款利息不能扣減，而需要透過物業稅方法繳納稅款。而物業稅標準稅率為 15%，扣除 20% 標準免稅額，實際物業稅稅率為出租收入的 12% (15% x 80%)。

倘若在課稅年度租約完結而有數月沒有租金收入，讀者是不能扣除全年的按揭貸款利息的，只能夠在出租月份的相應按揭利息支出作扣除。

第三種方法是透過公司名下持有物業，再收除租金收入

公司名下持有的物業作出租用途會產生租金收入，而根據《稅務條例》第 16(1) 條，「在確定任何人在任何課稅年度根據本部應課稅的利潤時，該人在該課稅年度的評稅基期內，為產生根據本部應課稅的其在任何期間的利潤而招致的一切支出及開支，均須予扣除 ...」

簡約而言，由於公司的名下物業產生了租金收入，而按揭貸款利息用作產生租金收入，所以可以根據《稅務條例》扣除按揭貸款利息。

除此之外，部分物業稅及個人入息課稅中不能扣除的支

出，例如大廈管理費、協助租客維修住宅單位的開支、管理出租單位的雜項開支都可以成為公司的支出。變相令公司的應課稅利潤降低，令實際稅率有機會低於物業稅及個人入息課稅。

選用個人入息課稅與否，則視乎讀者的薪金而訂。一般而言，薪金較低者或退休人士選用個人入息課稅計算租金收入比較有稅務優勢。

舉例說，全年出租物業為 30 萬、按揭貸款利息全年為 18 萬、大廈管理費為 2 萬、維修住宅單位開支 2 萬、經紀佣金 2 萬。

在個人入息課稅計算方法，出租收入 30 萬，扣除按揭貸款利息 18 萬，假設薪金為 \$132,000 一年 (為簡化例子，將薪金定為基本免稅額)，再扣除基本免稅額 \$132,000，以個人入息計算的稅款為 \$0 (「稅務小工具」部分會有薪俸稅計算機給讀者參考)

在物業稅的計算方法下，出租收入 30 萬，扣除 20% 標準免稅額，應評稅淨值為 24 萬，物業稅率 15% 計算後，物業稅稅款為 \$36,000

在利得稅的計算方法下，出租收入為 30 萬、按揭貸款利息為 18 萬、大廈管理費為 2 萬、維修住宅單位開支 2 萬、經紀佣金 2 萬，應評稅利潤為 6 萬 (30 萬 -18 萬 -2 萬 -2 萬 -2 萬)。假設讀者在香港只設有一間公司，利得稅稅率為 8.25%，利得稅大約少於 $5,000，扣除政府的稅務寬免後，利得稅稅款為 $0。近年政府都設稅務寬免，金額由一萬至三萬不等

由於可見，以公司名義收取租金收入相對直接以物業稅計算方法繳納物業稅，稅款會有所減少。

對作者而言，按揭貸款是現階段最低利率的貸款 (當然，私人銀行客戶的借貸金額會更低)，對個人財富影響最深。讀者如果想了解更多，歡迎到第三部分的幾個篇章細閱。

20. 中港兩地走

「老爸 老爸 我們去哪兒呀」

幾年前的內地真人騷節目「爸爸去那兒」邀請不同藝人和他們的小朋友，以親子互動為主題到戶外拍攝。當中不乏北上發展的香港藝人和其小朋友參與。

其實除了藝人有機會北上發展，不少家庭都有類似情況。特別在早前疫情嚴重時，部分香港人為免來回中港兩地需要被隔離，而選擇長期停留在內地居住及工作。

如此一來，那些長期在內地工作的香港人是否需要繳交香港薪俸稅呢？

如果納稅人受僱於香港公司並且全年都不在香港工作，並在內地提供所有服務，例如出席會議、參加培訓、匯報工作進度等屬於工作範圍內的活動，根據《稅務條例》第 8(1A)(b)(ii) 條，可以完全豁免薪俸稅。 但若果納稅人曾經回到香港處理部分工作，例如返回香港辦公室開會，都會被視作不是全部工作都在香港以外地方進行，而不獲完全豁免薪俸稅。

2006 年內地與香港簽署了「內地和香港特別行政區關於對所得避免雙重徵稅和防止偷漏稅的安排」，又稱「全面性安排」或行內所稱「DTA」。「全面性安排」釐清中港之間的納稅權責，當中列明了香港居民在內地工作而不需要繳納內地個人所得稅 (類似香港的薪俸稅) 的三項條件，三者需同時符合。

- 納稅年度的 12 個月在內地停留不超過 183 天 (一年有 365 或 366 日)
- 該項報酬由並非內地居民的僱主支付或代表該僱主支付；

- 該項報酬不是由僱主設在內地的常設機構所負擔

若以上任何一個條件不符合，香港居民也需要在內地繳納稅款。

那麼，在「全面性安排」下，「停留」的定義又是甚麼呢？

根據國際慣例，入境和出境的當天和停留的期間，不論每天停留時間及不論停留原因都會當作一天計算。舉例說，如果讀者每天十一時上去深圳食午飯，下午三時回港，即使晚上是在香港度過，在「全面性安排」下已經當作「停留」一天。只要維持以上行為模式超過半年，已經是停留超過 183 天。

那麼，甚麼是「香港個人居民」？手持香港永久性身分證就是了嗎？

讀者認知中辨別香港個人居民的方法或許與「全面性安排」下的條文有所出入。「香港個人居民」指通常居於香港的人，在課稅年度逗留超過 180 天或連續兩個課稅年度超過 300 天。所以與身分證是否有「3 粒星」是沒有關係的。

第二部分：香港稅務應用個案

由於香港和內地的稅制、稅率都截然不同，香港的稅率相對內地低及徵稅範圍較內地少，若果讀者成為了內地的「稅務居民」，便需要遵從內地的稅法「依法辦事」了。

如果讀者成為了內地的「稅務居民」，又是否需要繳交香港的薪俸稅呢？

根據《稅務條例》第 8(1A)(c) 條，若納稅人已經在內地繳交個所得稅，可以申請寬免。或者透過「全面性安排」下將內地已繳交的個人所得稅用作抵扣香港的薪俸稅。

現在再舉一個更極端的例子，內地在 2019 年實施了《個人所得稅法修正案》，修正了內地「稅務居民」的徵稅範圍。先假設讀者沒有香港或澳門的身分證，而持有外國護照。在內地 2019 年實施的新稅法下，任何人在課稅年度只要在內地居全滿 183 天，則會被定義為「稅務居民」並需要遵從內地稅法，就內地「稅務居民」的全球收入徵稅。其包括英國物業租金收入、美國股票的股息收入、澳洲農場的業務收入甚至偶然到香港投注了六合彩而中了安慰獎，都需要向內地稅務機關繳納稅項。無他，只因讀者成為了內地「稅務居民」。

111

　　由於新稅法的修正定義令不少香港人和澳門人都被「全球徵稅」。在 2019 年起的 5 年期間會有寬限期，2024 年後便會實施。屆時讀者不妨留意內地的稅法有否對香港人和澳門人有所寬限。

21. 手上有閒錢，買樓收租好定買股票、債券收息好？

自 2008 年金融海嘯後，全球多個國家中央銀行為應對市場上的流動性危機，實施量化寬鬆政策，向市場注入大量熱錢。由於香港採用聯繫匯率制度，港元與美元匯率掛勾，美元減息及印銀紙同樣影響港元價值。傳統智慧都是靠「買磚頭」對抗銀紙貶值。而 2008 年後的香港樓價一直再創新高，「中原城市領先指數」由 2008 年底最低的 56，直到 2021 年已經超越 190，指數升幅超過兩倍。

在 2010 年 8 月，香港金融管理局發指引，要求銀行為按揭申請人進行「壓力測試」。證實申請人在現有按揭利率

下，每個月的供款沒有高於其 50% 收入；並模擬將來按揭利息增加 3% 後，每個月的供款不可以高於申請人 60% 的收入。政策推出前，只要銀行願意承擔風險，按揭申請人是可以借盡其收入「上會」，令願意冒險的投資者能夠同時間手持多個物業，變相令住宅數量集中到投資者手上。

政策推出後，由於按揭貸款金額受限於按揭申請人的收入，倘若申請人沒有固定收入息將難以「上會」。當時政策一出台，市民都相信樓市將會下調，不過歷史數據反映了投資者對香港樓市的信心，樓價再次挑戰 1997 年的樓市高位。

有見及此，香港政府在 2010 年開始透過開徵「額外印花稅」、「雙倍印花稅」、「買家印花稅」相關樓市辣招，希望透過提升買家和賣家的買賣成本，令樓市價格穩定。可是政策推出後，只是稍微令樓價升幅收窄，之後仍是慢慢向上發展。

由於樓價升幅與香港市民的薪金升幅脫節，不少市民都認為即使少去幾次日本旅行，都難以儲蓄首期上樓。由於首期是置業的大難關，香港政府於 2019 年放寬了首次置業人士的按揭成數，按揭申請人最高可以為 800 萬以下樓價的

物業承造 9 成按揭、1,000 萬的物業則可以承造 8 成按揭。

在未放寬前的按揭計劃，只有 400 萬以下物業可以承造 9 成按揭、600 萬以下物業可以承造 8 成按揭。 由於 2019 年 400 萬以下的物業寥寥無幾、600 萬以下的物業亦選擇不多，故放寬首次置業人士的按揭上限，無疑是令高收入人士更容易上車。

由於不少市民都經歷了自 2008 年起的樓市升幅，始乎購買住宅收租都是一項不錯的選擇，利用租金回報 (大約 2.5%) 抵扣按揭利息 (大約 1.5-2%) 之餘，又可以博取樓市未來的升幅。

不過，讀者要留意，物業出租前需要先得到銀行同意，而出租物業的按揭成數上限為 5 成。若果業主的物業按揭是超過 5 成而未有銀行或香港按揭證券有限公司批准出租，是有機會負上刑責的。

先假設樓市未來十年沒有升跌，購買住宅出租的讀者需要考慮以下因素。

若果讀者本身已經有住宅物業，額外購買住宅物業收租需要支付 15% 的「雙倍印花稅」，變相令購買住宅物業的

成本大幅提升，買入後賬面已經先輸了 15%。

「雙倍印花稅」只是市場人士的叫法，法例上沒有「雙倍印花稅」，它只是增加了非首置的從價印花稅，而實際上「雙倍印花稅」的稅率在 2016 年修正後已經超過「雙倍」)

另外，若果讀者不是香港永久性居民，需要支付「買家印花稅」15%。

倘若讀者是香港永久性居民而名下沒有住宅物業，則可以選用更優惠的從價印花稅 (「稅務小工具」部分會有印花稅的資料給讀者參考)

由於購買住宅作收租用途會產生租金收入，讀者需要在每年報稅時申報租金收入並繳交物業稅或以個人入息課稅計算租金收入。物業稅稅率為 15%，扣除標準免稅額 20% 後，實際物業稅稅率為 12%。若果讀者選用個人入息課稅，租金收入會被視為個人收入一部分，而購買物業時的按揭利息則可以用作扣除租金收入，與薪金一同計算薪俸稅累進稅率。若讀者沒有薪金收入，例如是退休人士，選用個人入息課稅的好處是可以用免稅額扣減租金收入，從而大幅降低稅金。

如果讀者名下已經有住宅物業，但又不想額外購買住宅

物業而繳納 15% 的「雙倍印花稅」，又有甚麼投資出路呢？

由於購買第二個住宅物業的稅務開支沉重，偏好磚頭的投資者已經相繼購買商字樓、商鋪、工廈單位、車位等非住宅物業，這是因為非住宅物業沒有「買家印花稅」、「雙倍印花稅」和「額外印花稅」。投資者的稅務考慮只有「從價印花稅」和出租物業時的「物業稅」或按個人入息課稅。

對於手上已經持有物業，但又因為資金不充裕而不能購買商鋪的讀者，又有甚麼方法呢？

假設讀者偏好獲取穩定的被動收入而購買高息股票或債券收息。由於香港沒有「股息稅」、亦沒有「利息稅」，購買股票獲取股息或債券獲取利息的收入是不需要繳交稅款。唯一的稅項是購買證券時的印花稅，2021 年 8 月後的印花稅稅率為 0.13%。相對購買物業的印花稅，購買證券的印花稅只是一項微不足道的稅款。

相對購買物業的印花稅，購買證券的印花稅只是一項微不足道的稅款。

不過，有部分偏好以短炒獲利的讀者來說，又是否需要就短炒股票要交利得稅或資產增值稅？由於香港是沒有「資

產增值稅」，讀者長線持有股票或債券而出售的利潤屬於資本增值，並不需要在香港繳交「資產增值稅」。至於短線炒賣股票的讀者，一般而言，只要股票、債券是在個人名下，被稅務局徵收利得稅的風險並不高。

不過，對於部分偏好以短炒獲利的讀者而言，是否需要就短炒股票而繳交利得稅或資產增值稅呢？由於香港沒有「資產增值稅」，讀者長線持有股票或債券而出售的利潤屬於資本增值，並不需要在香港繳交「資產增值稅」。至於短線炒賣股票的讀者，一般而言，只要股票、債券是在個人名下，被稅務局徵收利得稅的風險並不高。（有關「營運性收入」、「資本性收入」的稅務解說，請詳閱第 22 篇章。）

對不少讀者而言，購買住宅物業自住是對沖通貨膨脹。若手上有閒餘資金，不妨善用現時低息的借貸環境，透過「套息」交易為自己賺取更多的被動收入。當然，在任何投資前一定要先了解清楚風險才進場，千萬不要人云亦云。

22. 投資物業會否被徵利得稅？

在「額外印花稅」仍未出現的年代，樓市「摸貨」是非常普及的行為，短線投機者能夠在極短時間就賺取巨額利潤（極短可以是短至一星期）。回想 1997 年（作者都是從電視新聞看到），市民只需在售樓處排隊，拿到籌號便能賣給其他樓市投資者，大賺一筆。他們當中有部分會「摸貨」給下一位業主，從而令不少香港人都可以從樓市升浪中分一杯羹。

由於 2011 年後政府實施了「額外印花稅」，在特定期間內出售住宅物業需要支付高達樓價 20% 的印花稅，變相

令短炒利潤蒸發，短線投機者搖身一變成為長線投資者。

根據《稅務條例》第 14 條規定，任何人士在香港經營行業、專業或業務從而獲得於香港產生或得自香港的所有利潤，除由出售資本資產所得的利潤外，均須課繳利得稅。《稅務條例》第 2 條訂明行業包括屬生意性質的所有投機活動及項目。

所以短線投機樓市是屬於利得稅的徵稅範圍。 那麼長線投資者在持有物業後出售物業後又是否會被徵收利得稅呢？

稅務局便會就以上情況採用「六點營商標記」(Six Badges of Trade) 以決定出售物業利潤的收入是屬於經營利潤 (Trading profit) 還是資本升值 (Capital gain)。

物業買賣是否被稅務局視為屬於生意性質的投機活動，包括：

i)　　買賣物業的背景；

ii)　　買賣物業的動機 (是否作短線炒賣意圖，例如購買物業後就不斷找地產代理協助放盤出售；長線投資者一般會找地產代理協助找尋租客)；

iii) 財務安排（購買物業時並沒有打算承造按揭，或者用短期貸款方式支付樓價，希望在正式需要「上會」前能夠找到下一位買家出售物業以避免自己需要。「上會」指正式成交物業買賣，並全數支付樓價給賣家）；

iv) 運作情況；

v) 交易的頻率（是否一年炒賣幾次物業）；以及

vi) 持有物業時間的長短（持有物業期限只有幾個月甚至幾日就「摸貨」給下一位買家）

以上主要六項「營業標記」都是根據買賣物業的事實，判斷交易是否屬於生意性質的投機活動還是屬於長線持有的資本增值，前者會被徵收利得稅而後者則無須被徵收利得稅。

如果稅務局懷疑納稅人屬於短線投資的個案，會向納稅人發出物業買賣回覆表格，然後就納稅人的回覆判斷是否屬於需要被徵收利得稅。

香港政府自推出「額外印花稅」後，短線投機者的交易已經大減，大部分買家都屬自用業主或長線收租的投資者。由於新進場的買家部分屬於財政上較有實力的投資者，他們

不需要透過短期出售物業套現,所以亦令樓市二手供應減少。

讀者又是否知道樓市投資者如何透過樓市升值而獲取額外資金呢?無他,相信大部分讀者都曾經「加按」物業套取額外的資金。「加按」指業主透過增加銀行按揭貸款而獲取額外資金。

舉例說,業主當初以 300 萬元買入單位,並向銀行申請 150 萬元按揭貸款。現時物業市值 1,000 萬元,向銀行申請額外 350 萬元按揭貸款,業主變相無需出售物業已經可以得到當初購買物業時的現金。然後業主可以選擇個人進修、家居裝修或者進行財務投資等。至於加按的利息是否可以作為扣減稅款的支出,詳情可以翻閱第 19 章。

故此,不少長期持有物業的業主,不論自住還是出租,都會不時申請加按,以「錢搵錢」的方式,將物業升值的部分套現作其他用途。

23. 電影分為三級制、利得稅都有分級制度？

相信讀者閒時都會去電影院觀賞電影。電影分為第 I 級、第 IIA 級、第 IIB 級以及第 III 級幾個級別，相信是眾所周知的常識。但若說起稅制的級別，讀者又是否知道原來自 2018 年 4 月起利得稅都被分為兩級制呢？

雖然香港長期都屬於低稅率地區，但為了進一步提高香港的營商吸引程度，香港政府在 2018/19 課稅年度起推出利得稅兩級制。

有限公司首 200 萬應評稅利潤 (assessable profits) 的利得稅稅率會由以往的 16.5% 降至 8.25%；無限獨資業務或無

限合伙業務的利得稅稅率則由以往的 15% 降至 7.5%。至於超過首 200 萬應評稅利潤的部分將會以原來的稅率計算。

所以，有限公司每年最多可節省 165,000 港元的利得稅稅款；而無限獨資業務或無限合伙業務則最多可每年節省 150,000 港元的利得稅稅款。

其實，香港政府推出利得稅兩級制主要希望令中小企受惠。因此，如果讀者手上有多間香港業務，也只能夠選擇其中一間享受利得稅稅率減半。讀者需要在利得稅報稅表（適用於有限公司或無限合伙業務）或個人報稅表（適用於無限獨資業務）上申報是否在香港有其他關連實體，並把有關關連實體列明其中。

舉例說，如果讀者有一間無限獨資業務，另外有兩間有限公司。其中一間有限公司持有 100% 股權，另一間有限公司則持有 60% 股權。由於讀者對每個業務及公司的控制權都超過 50%，所以只可以挑選其中一間享用利得稅兩級制。

假設以上例子中，無限獨資業務於 2019/20 年的應評稅利潤為 100 萬港元、擁有 100% 股權的有限公司賺了 50 萬港元、擁有 60% 股權的有限公司則賺了 10 萬港元。以數

字上來看，讀者選擇以無限獨資業務享用利得稅兩級制，其餘兩間採用正常利得稅稅率可對整體利得稅稅負減至最低

假若讀者有兩個新的投資團隊分別商洽注資入股，兩間有限公司的股權便會分別被攤薄至 50% 和 30%。由於新投資者有優秀的管理團隊，為兩間有限公司都帶來豐厚的盈利。

在 2020/21 年度，無限獨資業務的應評稅利潤為 100 萬港元、擁有 50% 股權 (2019/20 年度為 100% 股權) 的有限公司賺了 200 萬港元、30% 股權 (2019/20 年度為 60% 股權) 的有限公司則賺了 50 萬港元。

從數字上來看，讀者應該採用無限獨資業務選用利得稅兩級制 7.5%、50% 股權和 30% 股權的有限公司由新投資者採用利得稅兩級制 8.25% (不是以讀者名義，而由於讀者控制權不超過 50%，可以由另一位投資者選用)。如是者，只有無獨資業務是 100% 由讀者控制，其餘兩間有限公司並不是由讀者控制，所以只要有其他股東合符資格採用利得稅兩級制，就能夠使三間公司都享用利得稅兩級制。

稅務寬減

再者,近年財政預算案都會推出稅務寬減措施,金額由一萬至三萬不等,受惠對象是薪俸稅、利得稅和個人入息課稅的納稅人,以每個納稅個體計算。

正如其他篇章提及,讀者如果經營無限獨資或無限合伙業務,是可以選擇個人入息課稅而降低個人稅負,然後可以再獲得稅務寬減。

若讀者擁有三間有限公司,則三間公司都能享有稅務寬減。這是由於有限公司是獨立的法人地位,會被視為分開計算的納稅個體。在 2020/21 年度,每間有限公司可以獲得上限 10,000 港元的稅務寬減,上述例子便能獲三萬港元寬減。在 2019/20 年度,稅務寬減上限為 20,000 港元,所以合共是六萬港元的稅務寬減。

所以作者不時收到客戶查詢,查詢有關有限公司和無限業務的好與壞。一般而言,作者都會推介有限公司。

無他,有限公司對股東的保護程度較高,而且可以每年享有更多的稅務寬減。 作者有些客戶持有多間有限公司作物業收租用途。由於出租收入可以選用以物業稅或利得稅方

式繳納，而物業稅只有較少的免稅額及較高的稅率，所以客戶一般都使用利得稅方式，並且每間有限公司各自享有稅務寬減。

看到以上操作後，是否頓時覺得「有得揀，你至係老闆」的確是金玉良言呢？

24. 僱主提供的房屋福利

有不少公司會為公司員工提供房屋福利以作為保留人材的一種方法。如果讀者現在受聘的公司有這類的員工福利，這篇文章可能會對讀者有一點點稅務啟示。

假設讀者現時的年薪是 60 萬，並假設沒有其他免稅額或扣除項目，只扣除個人免稅額。在不計算暫繳稅情況下，每年需要繳交的薪俸稅大約為 5 萬多港元。有一天，讀者的人事部發出公司電郵，詢問讀者是否需要公司為你租賃房屋，上限為每月薪金的 40%，但相應薪金要減少支付 40%。變相讀者會被減薪至年薪 36 萬，不過公司會為讀者提供市

值一年 24 萬租金的單位。

在稅務層面考慮,讀者的收入會變成 36 萬。由於僱主會為讀者租房屋,讀者在申報薪俸稅時,需要列明公司為讀者提供居所的類型 (例如住宅、服務式單位、一房酒店單位或兩房酒店單位)。然後在薪俸稅的計算角度,會有「租值」需要額外加在 36 萬的年薪。「租值」的計算方法為全部入息,減去支出及開支,但不能扣減個人進修開支,再根據僱主提供居所的類別按以下百分比計算:

住宅、服務式住宅 10%

一房酒店單位 4%

兩房酒店單位 8%

在上述例子,僱主為讀者租了住宅單位,稅務局的計算方法是:

收入 $36 萬

居所租值 ($36 萬 x 10%) $ 3.6 萬

應評稅入息:$39.6 萬

在同一安排下，讀者的薪俸稅會由每年 5 萬多下降至每年接近 1.7 萬。薪俸稅降低了超過 3 萬 4 千多！

由於篇幅有限，作者為讀者提供了自動計算薪俸稅的程式，讀者只需要輸入數字就能夠計算應繳薪俸稅，讀者不妨自行計算來年是否要僱主協助租樓。(「稅務小工具」部分會有薪俸稅計算機)

當然，如果租金市值是對比市值租金超出很多，稅務局可能會引用《稅務條例》第 61A 條 "訂立或實行該項交易的唯一或主要目的，是使該有關人士單獨或連同其他人能夠獲得稅項利益 (tax benefit)"，稅務局會評定有關交易為避稅安排而將交易當作不曾訂立或發生。另外，稅務局或會引用《稅務條例》第 61 條，若稅務局認為有關交易是虛構而事實上沒有實行，評稅主任可不理會有關交易而因此評稅。

所以大前提是物業本身是真正用作出租給有限公司，例如簽訂租約並繳納印花稅、收取租金按金、每月交租等等以降低稅務局引用相關反避稅條例。

當然，傳統華人社會都是希望擁有多間物業為目標，「有土斯有財」的理財觀念更加深入民心。試想像，如果

年薪金下調至 36 萬，對於申請銀行按揭貸款的額度會相對年薪 60 萬低。年薪 36 萬大約可以申請按揭貸款上限大約為 330 萬；而年薪 60 萬大約可以申請按揭貸款上限大約為 570 萬。

讀者若是看好未來樓市升幅而準備購買物業自住，是否為了減低薪俸稅而放棄低息環境借盡按揭金額就見仁見智了。當然，如果讀者已經有幾個物業在手，沒有轉按或加按的打算。作者亦見不少善用財務技巧的客戶將手上物業放租後，自己再搬到環境更心儀的地區，提升居住環境之餘又可以合法節省薪俸稅。

順帶一提，在疫情下期間不少五星級酒店都提供月租優惠，房價相比同區的住宅吸引。部分酒店甚至提供海景景觀，附送健身室、泳池會藉，真的令人身處五星級的家。五星級酒店普遍月租在二萬以下、四星級酒店甚至是月租一萬港元附近，以同區的住宅質素而言，月租酒店真係是物超所值。作者要作出利益申報：本人沒有收取任何酒店的廣告費或贊助費，同時歡迎酒店市場部同事向作者提供贊助 :)

如果僱主為讀者提供的住宿是一房酒店單位，薪俸稅下

的「租值」計算是 4%，以薪俸稅角度計算，會比租住住宅單位 (租值計算是 10%) 更有稅務優勢。

再舉一個比較複雜的例子，若果讀者本身自行創業並已經是一間有限公司的董事。年薪是 80 萬，已經有自置物業，每年按揭利息開支為 18 萬港元，假設正在申索居所貸款利息扣除 (Home Loan Interest)。在未有任何稅務籌劃前，讀者正在供款的自住物業利息開支有每年 10 萬港元上限可以用作扣除薪俸收入。

由於居所貸款利息扣除的上限只有 10 萬港元，讀者每年按揭供款利息開支卻有 18 萬港元，每年大約需要支付 $68,000 的薪俸稅。(讀者可以前往「稅務小工具」部分的薪俸稅計算)

由於有限公司和其股東在法律上是分開的獨人法律地位，若果讀者將自己的物業出租給有限公司，作為有限公司的董事居所。這種做法是否符合《稅務條例》呢？

如果讀者租住自己的物業，再由有限公司提供給讀者作為居所，稅務局的評稅主任會考慮以下因素去決定「業主和租客」的關係是否真正存在。例如租金是否超逾市值、業主

和租客有沒有簽訂租約、為租約繳納印花稅以及有沒有履行業主和租客的權責，例如實行「兩按一上」之類的常見租約條款。

假設讀者是以市場價格租出單位給自己的有限公司並辦妥所有業主和租客理應處理的文件和繳納印花稅。在提交個人報稅表時，讀者無須一同提交租約及租單收據。不過，根據《稅務條例》第 51C 條，納稅人需要保留相關文件最少七年，否則最高可被罰款 10 萬港元。

在上述的例子中，若果讀者的單位以每年租金 36 萬港元租出給自己的有限公司，而市場上相似大小、景觀的單位真的有 36 萬港元一年的租金回報。稅務局接納其租約是真實存在的話，讀者的整體稅務款項會有甚麼不同？

首先，讀者的薪金相信會有對應的下降，由年薪 80 萬降至年薪 44 萬，而有限公司為讀者提供年租 36 萬的居所。

讀者的薪俸稅負現時應為

收入 $44 萬

居所租值 $ 4.4 萬 ($44 萬 x 10%)

應評稅入息 : $48.4 萬

薪俸稅約 3 萬 1 千多港元 (未計物業稅或個人入息課稅)

由於讀者的物業已經出租給有限公司，讀者不可以再申索居所貸款利息扣除。不過，讀者的按揭供款利息 $18 萬港元卻可以計算在個人入息課稅時用作扣減租金收入。由於單位出租時有 36 萬的租金收入，而「為獲取物業出租收入而支付的利息」卻有 18 萬，只要扣除的利息不超過租金收入便可以全數扣除。

「為獲取物業出租收入而支付的利息」本身並不可以在物業稅扣除，而物業稅的稅率為 15%，在計算法定扣除 20% 後，實際物業稅率為 12%。如果讀者沒有選用個人入息課稅的計算方法，需要就 36 萬港元的租金收入繳交 $43,200 物業稅。由於租金收入在物業稅的計算方法下是不能扣除供樓利息開支，變相總稅金會比自住物業高。

在這個時候，讀者記得要在個人報稅表上申請「個人入息課稅」，並在相關的欄位填寫租金收入，供樓貸款利息開支等資料，稅務局會計算有關稅項後再通知納稅人。

若果讀者選用「個人入息課稅」，總收入會是 84.4 萬（應評稅入息 $48.4 萬 + 租金收入 $36 萬），再扣除「為獲取物業出租收入而支付的利息」18 萬，以「個人入息課稅」下計算的稅金大約為 62,000 港元， 相對以往的 68,000 港元大約節省了 10%。

　　讀者下次收到人事部有關租屋的電郵時，不妨考慮一下是否需要轉換居住環境。

25. 移民潮

「今天不怕路遠 來為我一生打算」

根據政府統計處公布，2021 年年中的人口數字較 2020 年年中減少 87,100 人。有 89,200 人為其他香港居民淨移出，雖然淨移出並非一定是移民到外國，不過在稅務局的角度，只要納稅人會離開香港就有機會要預先通知稅務局。

根據《稅務條例》第 51(7) 條，納稅人如打算離開香港超過一個月，便需要在離開香港前一個月書面通知稅務局。

根據《稅務條例》第 52 條，納稅人的僱主需要在其僱

員離開香港前一個月通知稅務局，向稅務局提交 IR56G 表格（類似每年僱主為僱員申報的 IR56B 表格），申報僱員由該年度 4 月 1 日至離開香港前的所有入息。在提交 IR56G 表格後，僱主需要等候稅務局的批准才可以發放工資給員工。

稅務局收到僱主的 IR56G 表格後，會盡快向納稅人發出個人報稅表。當納稅人提交了報稅表和付清稅款後，稅務局才會批准並通知僱主可向相關僱員發放工資。

假若僱員不提交報稅表，又不付清稅款，稅務局絕對有權要求僱主在薪金內扣起稅款，並由僱主向稅務局代繳交納稅人的稅款。

通常讀者每年 5 月收到個人報稅並提交表，大約都要等幾個月才收到稅務局寄出評稅通知書（稅單）。不過離港清稅的個案，稅務局都會特事特辦，一般在第二個工作天便可以親身到稅務局索取交稅通知書。以便納稅人可以早日清稅、早日出糧。

若果納稅人不在限期前提交報稅表的話，稅務局會發出估計評稅單，屆時估計的稅項可能高於實際的繳稅金額。

當然，有計劃準備移民的讀者，除了會考慮生活環境的

改變外，外國稅務問題也是他們的煩惱之一。香港是全球少有的低稅率地區，因此，不少稅務顧問都會建議在移民前先做好稅務籌劃，以免日後處理香港的財產時會被徵稅。

常見的例子是外國稅務局會向國民徵收遺產稅，他日百年歸老後的財產和稅務安排要如何處理？

或者讀者在外國生活期間，將香港物業出售套現，可能會有被徵收資產增值稅的稅務風險，變相令可套現的金額減少。

「誰亦會沉醉　此刻對望 常令我忘了今天在何方」

若果讀者能夠在離開香港前預先安排稅務籌劃，就能夠在移民後減少一個稅務煩惱了。

26. 買車可退稅？

電動車是近年的全城熱話，先有電動車製造商股價不斷翻倍再創新高。相信有投資電動車股的讀者已經在早年疫情期間賺了不少。

雖然在香港出售的電動車品牌選擇並不多，政府亦希望透過一系列的政策以鼓勵市民購買新車或換車時優先考慮電動車。

首先，政府寬減電動車首次登記稅，首次登記稅寬減上限為 97,500 港元；如果將舊私家車換至新電動車，可以在「一換一」的計劃下獲得最高 287,500 港元的寬減額度，

寬減期限至 2024 年 3 月 31 日。

再者,用公司名義購買電動車,購買時的資本開支可以在第一年全數在利得稅扣減。

另外,政府會加快在停車場興建電動車充電基礎設施,令電動車現時充電站不足的問題能夠得到舒緩。

其實除了電動車外,稅務局會為列為「環保車輛」的「混合動力車」及環境保護署指明的車輛提供稅務扣除,公司名義購買的環保車輛可以根據《稅務條例》第 16I 條扣除環保車輛的資本開支。

由於混合動力車 (hybrid vehicle) 和電動車都屬於稅務局定義的環保車輛,只要稅務局的環保車輛名單之中包括其車款,納稅人就可以申索有關的稅務扣除。

不少電動車相對其他汽車的二手車價保值,因此電動車的二手市場較為活躍,如果納稅人購買二手電動車又是否能夠享用稅務寬減呢?只要購買時二手車屬於合資格的環保車輛,買家仍然可以得到稅務扣除。

納稅人可能會問,稅務扣除有甚麼好處?由於合資格

的環保車輛可以在購買的課稅年度扣除全部資本開支，例如新車車價為 100 萬港元，就可以直接扣除 100 萬的盈利，令公司的利得稅少交高達 16.5 萬港元（以利得稅稅率最高 16.5% 計算）。

如果購買其他非環保車輛，公司則需要根據折舊免稅額 (depreciation allowances) 中的 30% 聚合組計算 (pooling)。購買首年的初期免稅額 (initial allowance) 為車價的 60%，然後每年免稅額 (annual allowance) 為 30%，直至結轉遞減價值 (written down value) 為 $0。

簡單而言，購買非環保車輛的第一年免稅額大約 72% (60% + 40% x 30%)，次年會跌至車價的 8.4%。首年結轉遞減價值 (written down value)，意思類似「剩餘價值」有 28%，再計算 30%，所以次年免稅額為車價的 8.4%，第三年如此類推。

由於折舊免稅額的計算方法需要攤分多年才能夠完成扣除購買車輛的資本開支，而免稅額是逐年下降，所以環保車輛能夠在購買當年 100% 稅務扣除令不少公司客戶都樂於選購環保車輛。

讀者身邊如果有朋友準備購買新車，不妨建議他們用公司名義購買環保車輛，既能夠改善路邊空氣質素，又能夠為公司減低利得稅。

27. 工字為何不出頭？

「我地呢班打工仔，一生一世為錢幣做奴隸」

相信大家在工作期間不時也會抱怨「受人二分四，做到嗦哂氣」的辛酸，感覺付出和收穫不成正比。然而，上有高堂、下有妻房又不能隨時「裸辭」，唯有「頂硬上」。

子華神曰：「老闆成日話員工做野都唔擺個心出黎，激死人。 員工話老闆都唔擺舊金出來，駛死人。」

的確，僱主和僱員站於不同的觀點與角度出發，打工仔埋怨工作辛勞都是在所難免的事。

　　那麼若「打工仔」也能當僱主，情況會否變得不一樣呢？現時有眾多網上電子商貿平台讓讀者們小試牛刀，例如在網上開設低成本的商店，並把商品售賣或轉售到海外市場。常見的網上貿易模式有「廠商直送」(Dropshipping)，這種模式使賣家無須自行保管貨物，只有當買家下訂單時才直接從廠商那裡把貨物運到買家手上，賣家變相可以賺取無風險的差價、自行開設網店又有不同平台、喜歡四處遊玩拍片又可以成為「網絡紅人」(YouTuber)。

　　正如早前第 16 篇文章分享，網上成立業務同樣需要申請商業登記證。不過網上生意的好處是節省了香港高昂的租金成本，以及能夠在工餘時間開展副業，一試在商場上呼風喚雨的感受。

　　當然，由於網上商店開設成本低，變相競爭度高，不少網上商店只能賺取微薄的利潤，在成立初期往往是會虧損的。古語有云：「殺頭的生意有人、賠錢的生意沒人做」。現實當然是殘酷的，長期虧損的生意沒有人會經營。不過網上商店的特性就是需要時間以累積熟客及回頭客，只要你的產品不比其他人差、服務和價錢比其他人好，自然就可以累

積大量回頭客，令網上生意轉虧為盈。

其實，不少網上生意都是在工餘時以副業起家。Nike 的創辦人年輕時也是四大會計師樓的一員，配合工餘時間賣鞋，最後生意愈做愈大便辭去會計師工作，全職投入 Nike，帶領公司上市，成為街知巷聞的國際品牌。

如果讀者都想運用工餘時間在商界戰場小試牛刀，作者一般都會建議客戶先登記無限獨資業務或無限合伙業務。這樣令開設成本較有限公司低，而且網上商店初期的虧損能夠以個人入息課稅方式降低個人稅務負擔。

若讀者選用個人入息課稅，稅務局會把納稅人的薪金收入、租金收入和無限獨資或合伙業務的經營賺蝕計算在應課稅收入中。選用個人入息課稅的納稅人需要慣常在香港居住，所以如果讀者長期不在香港，就未能夠選用個人入息課稅以降低稅務負擔了。

簡單的公式如下：假設薪金收入為 $360,000，租金收入為 $0， 無限獨資或合伙業務首年虧損為 $60,000。在個人入息課稅的計算下，稅務局會以 $300,000 ($360,000-$60,000) 作為應課稅收入並在扣除免稅額及扣稅項目後計算

納稅人的稅款。

假設讀者只有基本免稅額,沒有其他免稅額和稅務扣除項目,如果沒有選用個人入息課稅而選用薪俸稅,讀者大約需要支付 $10,000 港元的薪俸稅。(讀者可以到「稅務小工具」部分用薪俸稅計算機計算)

選用個人入息課稅的計算方法後,由於無限獨資或合伙業務的虧損能夠降低讀者的應評稅收入,稅務負擔會降至大約 $1,500 港元。

如果讀者喜歡周遊列國,到歐洲買手袋、到日本買潮牌、再於網上平台轉售,相信能補貼旅行的開支外,亦能夠為網上商店打響品牌。

由於前往歐洲親自入貨需要酒店住宿、機票等支出,而相關支出都是網上商店的購貨成本之一。在無限獨資或無限合伙業務的財務報表上都會成為公司的成本一部分,變相能夠將業務的利潤降低。

根據《稅務條例》第 16 條,「任何人在任何課稅年度根據本部應課稅的利潤時,該人在該課稅年度的評稅基期內,為產生根據本部應課稅的其在任何期間的利潤而招致的

一切支出及開支，均須予扣除。」

上文的意思指，只要能夠證明支出（前往法國購買名牌手袋的機票和酒店住宿錢）是用於生產業務利潤，該項支出就能夠扣除應課稅利潤。不過，若果支出是和生產業務利潤無關，例如前往羅浮宮參觀的入場費，就不能夠扣除應課稅利潤了。

如此一來，讀者便能夠帶著創業的心態，前往歐洲名店購物，為自己的網上商店業務發展出一分力了。 小提示：讀者緊記要保留購買名牌、其他支出的單據，以及出售貨物時的收據作日後稅務局抽查之用。

28. 疫情下人人自危

　　新冠肺炎自 2019 年肆虐全球，還記得 2020 年初的「口罩荒」，港人四處搶購口罩。後來，香港成立了不少的口罩製造商，結束持續數月的「口罩之戰」。雖然後來各地政府相繼成功研發疫苗，但由於病毒漸漸變種且傳播力增強，各地政府都維持防疫措施，不少地區甚至不准非國民進入境內。

　　不少行業受到疫情嚴重打擊，當中包括航空業、酒店業、旅遊零售業等等。疫情下大家都減少外出，不少公司都相繼實行「在家工作」(Work from home) 的工作模式，令

寫字樓的租貸市場出現減價潮。

街道上的人比疫情前大幅減少，缺少消費者令各公司營利大跌，周轉不靈，間接出現了裁員潮。2020 年，香港政府推出多項防疫抗疫基金，多輪的紓緩措施金額合共超過 3,000 億港元。

其中一項為工資補貼，僱主得到工資補貼後，可以用作補貼員工的薪金。每月上限 9,000 元，為期 6 個月。不時有公司客戶向作者查詢，這項工資補貼是否需要繳納利得稅。

原來，稅務局已經在 2020 年 5 月實施《豁免薪俸稅及利得稅（防疫抗疫基金）令》，又稱（《豁免令》），豁免個人及企業就符合條件下而收到的防疫抗疫基金的資助而豁免薪俸稅和利得稅。

所以，僱主收到工資補貼的金額是在《豁免令》下豁免利得稅，而僱主可以就支付員工的員工工資繼續扣除利得稅，變相令僱主能夠在疫情下減輕稅務負擔。

不過，在僱員的角度，即使僱主發放的工資是從防疫抗疫基金補貼所得，由於僱員的工資是因為僱主聘用而得到的工資，所以員工的工資部分仍然要根據《稅務條例》第 8 條

而徵收薪俸稅。

不過，僱員同樣可以在防疫抗疫基金下的其他措施得到轄免薪俸稅的補貼，例如清潔和保安人員提供辛勞津貼、向建造業工人、司機提供補助金等等。在防疫抗疫基金下列明的受補貼人士，其補貼金額將轄免在薪俸稅。

至於部分業主與租客共渡時艱，主動下調租金，租金寬免金額亦可以根據《豁免令》而轄免利得稅。

疫情至今已經接近兩年，或許戴口罩已成人類的日常。未知甚麼時候能夠回覆疫情前的藍天白雪，呼吸新鮮自在的空氣，與友人除罩相見呢？

29. HODL! 加密貨幣 To The Moon!

「HODL」 是加密貨幣世界的術語，原本意思是 2013 年比特幣論壇上會員發表文章寫了 "HOLD"，即是長期持有加密貨幣的意思。由於串錯英文字 "HOLD"，而當時加密貨幣價格急速下跌，網民一致以「HODL」代表不理會短期價格升跌、以長期持有加密貨幣為信仰的投資口號。後來「HODL」被再次定義為「Hold on for dear life」，感覺上是不是和名錶的口號相近？

"You never actually own a Bitcoin.You merely look after it for the next generation."

當然以上動人的口號是改編自名錶的宣傳口號,而事實上加密貨幣的價格真的可以換取一隻名錶。再次利益申報:作者沒有收到名錶的任何宣傳費或廣告費,而作者尚在等待名單中等候傳承給子女的名錶,而名錶職員沒有對作者有任何優待 :)

比特幣的價格已經由 2013 年大約 100 美元的價格,暴升至 2021 年 4 月「ATH」最高位的接近 65,000 美元。ATH 意思是 All-Time-High,即歷史以來最高位價格,用 ATH 代表價格將來會再次創新高,而非價格的最高峰。近年來,加密市場的平均回報是任何股票、地產投資項目都難以匹敵。

2021 年是加密貨幣市場熱炒的一年,不少讀者都從媒體得知眾多加密貨幣都再創新高。不少商界、投資界都紛紛開始投資加密貨幣市場,甚至出現不少動物貨幣、人氣偶像貨幣等等。

讀者如果想小注投資加密貨幣,又有甚麼渠道呢?要獲取加密貨幣,主要方法可以透過:加密貨幣交易平台、購買礦機、以雲端方式自行「挖礦」、在加密貨幣智能售賣機購買等等。而讀者最關心除了加密貨幣未來的升幅會否持續

外，相信同時亦關心持有或買賣加密貨幣而獲取利潤是否會被徵收稅款。

由於買賣加密貨幣並不屬於證券、物業等需要繳納印花稅的合約，讀者在買賣或自行「挖礦」本身無需要繳納印花稅。除非讀者是直接購買持有加密貨幣的有限公司，則需要就股份轉讓繳納印花稅。

至於日常炒賣加密貨幣的讀者，在 2019 年曾經有立法會議員提問有關加密貨幣的交易行為會否被徵收利得稅，及稅務局會如何對加密貨幣的交易行為展開懷疑短報收入的調查。

當時財經事務及庫務局局長有以下回覆：

"根據《稅務條例》的規定，任何人士在香港經營行業、專業或業務，而從中獲得於香港產生或得自香港的應評稅利潤，除由出售資本資產所得的利潤，均須繳納利得稅。至於某項利潤或收益是否須課繳利得稅，稅務局須考慮個案的個別事實和情況。《稅務條例》有關利得稅的條文和法院所訂立的相關案例，同樣適用於涉及虛擬資產的交易活動。

稅務局致力維護本港稅制穩健，一直從不同渠道收集資

料，並配合資訊科技，根據風險評估，對個案作出適當的審核及深入調查。如有需要，稅務局亦會透過稅務協定的資料交換機制，向外地稅務當局獲取相關資料，從而提升偵查避稅及逃稅的能力。稅務局並沒有就從事虛擬資產相關活動的人士應繳納的稅款和有關調查資料另作統計。"

當中的關鍵點在於交易本身是否「資本資產」，由於香港是沒有「資本增值稅」(Capital Gain Tax)，而《稅務條例》對「資本增值」轄免徵收利得稅。只要納稅人能夠證明加密貨幣交易的利潤是一項「資本增值」，則能夠不用被徵收利得稅。

有關「六點營商標記」(Six Badges of Trade)，詳情請再次翻閱第 22 章。

所以，真心相信並擁戴「HODL」信念的加密貨幣長線投資者，他日賣出加密貨幣所賺取的利潤會較容易被稅務局接納為「資本增值」而能夠轄免利得稅。

由於短炒投機加密貨幣會被稅務局視為「在香港經營行業、專業或業務」，當中的交易利潤是需要被徵收香港利得稅。

至於自行「挖礦」的加密貨幣持有人又是否需要就每個「出土的加密貨幣」而被徵收稅款呢？由於截至出書之日，《稅務條例》尚未對加密貨幣有一個完整明確的定義和解說。作者的理解是：當加密貨幣「出土」後就立即在市場上銷售，銷售額扣除「挖礦」成本後理應被視為利潤而需要被徵收利得稅。如果「挖礦」後的加密貨幣是作長期持有，並符合稅務局採用的「六點營商標記」(Six Badges of Trade) 方法，判定為「資本資產」，讀者就無需繳納利得稅。

　　至於買賣加密貨幣會否被外國徵稅？主要視乎加密平台本身所在的地區以及各地政府的取態。

　　加密貨幣的創造原本就是透過密碼學 (cryptography) 和分布式系統技術 (distributed system)，以一大堆數字衍生出來的「貨幣」。原意是希望透過去中心化和金融體系對抗。而「加密貨幣」的擁有權就是一堆密碼，如果讀者忘記一大串的數字密碼，或者將儲存「加密貨幣」的錢包、電腦損毀，那麼地球上就會從此消失了這堆「加密貨幣」了。

　　所以除了擁有密碼「加密貨幣」的人以外，是沒有人會知道其他人所擁有的數量或者由誰持有。因為「加密貨幣」

本質上就是不會被其他人追訴到持有人的身分（其實有方法可以追查到持有人身分，不過難度可能會比「掘礦」更高）。當然除了電動車公司和投資公司會主動公布自己的持有數量外，一般人都不會自行公布持有「加密貨幣」的數量。

事實上，不少人買賣「加密貨幣」都是透過「加密貨幣」買賣平台交收。原理類似在股票交易所買賣股票，由交易所協助雙方買賣交收。所以理論上「加密貨幣」買賣平台在讀者成立賬戶時已經知道讀者的身分、國籍以及讀者日後交易時的盈虧。

作者沒有水晶球，不過相信全球政府都對於「加密貨幣」背後的稅收垂涎欲滴。未知在不久的將來，各地政府會否下令「加密貨幣」買賣平台為政府預扣稅款，預先將平台使用者的交易利潤抽取一部分作為政府的稅收呢？

30. 稅務局永遠對你有信心！

　　子華神曰：「無論個世道幾唔好，呢個社會有一個人永遠係對你有信心既，嗰個就係稅局啦，永遠要你預繳。」沒錯，又是黃子華的神之金句。

　　嚴格來說，應該是「暫繳」而非「預繳」。相信讀者每年在填寫報稅表後，都會計算來年需要預算多少現金作交稅用途。但讀者是否發現無論計算如何精密，可是每年收到稅單後都會被突如其來的「暫繳稅」部分大嚇一跳，有失預算而不知所措。

　　「暫繳稅」(Provisional tax) 是稅務局會以本年度的收

入去估算來年納稅人的收入，舉例說，讀者的收入為 $100 元，稅務局會假設來年納稅人的收入同樣是 $100。由於個人報稅表是在每年 5 月收到，並在 6 月 (受僱人士) 或 8 月 (無限獨資業務東主) 前提交，然後會錄續收到評稅通知書，並在來年 1 月及 4 月需要支付薪俸稅。由於需要支付薪俸稅的時候已經是填寫個人報稅表時的「明年今日」，所以稅務局會要求納稅人繳交「暫繳稅」作為來年的部分稅項。

另外，由於每年稅務寬減的金額都不同，有時是 $30,000，甚或是 $20,000，在 2020/21 年度更只有 $10,000。而稅務寬減需要在財政預算案公佈後，並在立法會投票通過，才正式生效。所以在每年收到「稅單」時，來年的稅務寬減並未反映在內。

你們想必會問，如果明年人工減了，或者有幾個月沒有工作，令明年的總入息減少，是否能夠退稅？

如果讀者預期來年的應評稅收入會少於上年的 90% (即是對比上年下跌了 10%)，納稅人可以在收到「稅單」後，需要繳付暫繳稅限期前的 28 天內申請緩繳暫繳稅。納稅人此時要以書面形式申請，提供證明文件，例如減薪合約書、

公司辭職信之類文件給稅務局作決定。

若果讀者在經營公司，同樣可以為公司的利得稅申請緩繳暫繳稅。不過，相對個人申請，為公司申請需要較多證明文件，例如需要提供不少於 8 個月已簽妥的管理賬目 (management accounts) 及利得稅計算表 (profits tax computation)，方便稅務局作參考及決定。

如果讀者沒有申請緩繳暫繳稅，明年報稅時如收入下降或者免稅額增加了，都會令應評稅收入下跌。有關上年度已支付的暫繳稅，稅務局在計算來年的暫繳稅後，會寄出退稅支票給讀者。

簡單來說，假設本課稅年度為 2020/21 年度，讀者要繳交 2020/21 年度的稅款 (假設為 $10,000)，以及 2021/22 年度的暫繳稅 (假設為 $20,000)。

在 2021/22 年報稅時，讀者需要繳交 2021/22 的稅款 (假設為 $8,000)，並同時需要繳交 2022/23 的暫繳稅 (假設為 $5,000)。讀者因此需要在 2020/21 年度支付 $30,000 稅金 ($10,000+$20,000 暫繳稅)，由於上年度已經預先繳交了 2021/22 年的暫繳稅 $20,000，2021/22 年度則不需要支付

稅金。相反，稅務局會向讀者寄出一張價值 $7,000 ($8,000-$20,000+$5,000) 的退稅支票。

所以，即使讀者在疫情下薪金有所下調，並在限期前錯過了申請緩繳暫繳稅，不用擔心。在來年的報稅後，稅務局都會在薪俸稅或利得稅的金額上作調整。

03 中小企客戶
借貸見聞

31. 借貸是雙劍刃？

借貸本身是一項雙劍刃，由於本書不是分享如何提升財務回報的書作 (若果日後有機會可以再詳細分享)，所以借貸本身如果能夠提升個人和家庭幸福感，在可負擔的情況下，讀者亦不妨借貸。 當然，響應政府呼籲： 借定唔借，還得到先好借。

在作者的角度，借貸是人生財務規劃的一部分，經過計算的借貸能夠令借貸人早日達到財務目標。常見的借貸包括樓宇按揭、稅務貸款、中小企貸款等等。

試想想，如果讀者不能透過物業按揭借貸去購買物業，

而需要全額現金購買物業的所需時間將會是數以十年計。

　　由於銀行提供的稅務貸款，金額一般是月薪的十倍以上。根據香港低稅率的計算方法，在提取稅務貸款並支付每年的稅款後，借貸人理應會有額外的稅務貸款資金可以運用。

　　在近幾年的低息環境下，銀行提供的稅務貸款可以低於 2% 和按揭借貸利率亦相差無幾。有置業的讀者在 2020 年以後，選用 Hibor 的按揭計劃，按揭借貸利率應該長期低於 2%，有幾個月的借貸利率低至 1.5% 左右)。作者會運用現時低利率的稅務貸款去投資一些有潛在回報的項目，從而能夠賺取息差和項目的潛在價格增值。

　　其實作者畢業時已經開始運用稅務貸款去強迫自己儲蓄，因為借貸後每個月銀行會在戶口中自動扣取還款金額，而作者每個月出糧、支付家用後的淨餘薪金就是用作償還貸款。償還貸款的部分作者會視作儲蓄，因為在還款責任完成後，作者在借貸時購買的股票將會是自己的資產，只要在借貸期間作者能夠定期還款，假設借貸期限是一年，一年後作者還清稅務貸款後，投資項目本身就是「強迫儲蓄」所得。

作者考慮的是投資項目本身是否可以隨時出售套現。

如果投資的項目不能夠隨時出售套現 (例如是不動產或者長達五年的定期存款)，投資項目本身就有極大的流動性風險 (liquidity risk)。若果作者需要資金周轉的話，是難以即時出售投資項目或者需要大減價才能拿回資金，變相即時承受價格下跌的損失。如果投資項目能夠隨時出售套現，就可以大大降低流動性風險，當然投資本身是有價格風險 (price risk) 或者違約風險 (default risk)，讀者投資前要先了解清楚風險再做決定。

當然，如果讀者借貸後用作購買汽車、名牌品或者出國旅行，所得到的滿足感是難以用金錢衡量。不過在財務角度出發，本金部分就已經成為人生中的點點回憶而沒有任何財務回報了。

要緊記，借貸的大前提一定是「借定唔借，還得到先好借！」

32. 中小企借貸的考慮？

「八個罈子七個蓋，蓋來蓋去不穿幫」－ 紅頂商人胡雪巖

雖然華人傳統智慧都是勸喻減少借貸、量入為出、持盈保泰。但是作者的客戶當中，有某些行業是需要大量借貸才能夠令公司得以擴大規模以及維持現金流，當中包括：工程行業、製造業、批發行業等等

所以不少客戶都會選擇透過營運中的有限公司向銀行申請中小企貸款，從而支持其公司的擴張步伐。

有些中小企東主在經營一段時間後，業務逐漸上軌道，

便打算提升生活質素而置業。這個時候就需要以個人名義申請按揭貸款。

有部分客戶會問，公司借了中小企貸款，東主成為擔保人後，會否對個人申請按揭貸款有影響呢？根據作者觀察，一般而言，只要公司能夠每個月準時還款，而且公司的每月現金流和營業額能夠足以抵銷開支和公司的還款金額，對個人名義申請按揭的影響不會有太大影響。當然，銀行有審批按揭的標準，作者的觀察不能一概而論。

由於按揭貸款的壓力測試相對其他稅務貸款、私人分期貸款的壓力測試難度較高，所以有心想置業的讀者，應該先申請按揭貸款後，才申請其他私人貸款。

香港金融管理局現時有按揭借貸的壓力測試，每月按揭供款需要計算借貸人的每月入息、按揭利率變化、其他債務還款等因素，從而計算最高的按揭借貸金額。如果讀者本身有其他私人貸款正在還款，坊間的按揭中介顧問會建議申請人先清還現有的私人貸款，令每月還款金額降低，從而令按揭貸款的壓力測試不會超標。

在成功申請按揭貸款後，如果讀者需要額外資金為新居

裝修或者個人進修用途，可以再向銀行申請稅務貸款或私人分期貸款。由於稅務貸款或私人貸款的壓力測試相對按揭貸款的壓力測試為輕，作者眼見不少朋友和客戶都在申請按揭貸款後，能夠再次申請私人貸款借取額外資金為新居裝修。

33. 稅務貸款借定唔借？

稅務貸款 (tax loan)、私人分期貸款 (Personal loan)、信用卡現金套現計劃 (Card loan) 三者之間都能夠為借貸人提供一筆資金周轉。

當中稅務貸款和私人分期貸款性質和借貸方法最為接近，兩者都是以申請人的月薪倍數為借貸金額，部分銀行的借貸年期更加可以長達 5 年。

一般而言，稅務貸款的借貸利率會相對私人分期貸款低，但稅務貸款只有在每年年尾的「稅季」時才可以申請。如果打算借貸的讀者，可以留意每年年尾各大銀行提供的優

惠，在比較不同銀行的息口和還款條款後再決定是否申請稅
務貸款。

私人分期貸款方面則沒有申請期限，讀者有需要的時候
可以申請了。

至於信用卡現金套現計劃，相對的條款會相比稅務貸款
和私人分期貸款差。例如借貸金額是取決於讀者現時信用卡
的信用卡額度，通常信用卡的信用卡額度都不會是月薪的十
倍。而且讀者申請了信用卡現金套現計劃後，借貸金額會佔
用現有信用卡的信用卡額度。

舉例說，信用卡額度有 30 萬，讀者如果申請了 20 萬
的信用卡現金套現計劃後，信用卡的可用額度就會只有 10
萬了。

以上三款的貸款都會影響借貸人的信貸評分 (簡稱
TU)，信貸評分愈高，貸款息口愈低。如果借貸人的信貸評
分低的話，很大機會影響申請按揭和其他借貸的利率和借貸
條款。

申請了稅務貸款和私人分期貸款後，TU 會有輕微改變，
只要借貸人能夠每個月準時還款，信用評分會逐漸提升。但

申請了信用卡現金套現計劃後，如果借貸金額相對信用卡額度大的話，會大幅度影響信貸評級。

34. 借貸能夠減稅嗎？

借貸能否作為利得稅或個人入息課稅扣除的支出，主要視乎讀者的借貸用途。

以上文章簡介了幾種借貸類型：i) 中小企借貸、ii) 按揭貸款、iii) 稅務貸款、iv) 私人分期貸款和 v) 信用卡現金套現計劃。

中小企借貸是由公司作為貸款申請人，只要讀者在申請利息扣除時能夠符合《稅務條例》第 16(2)(a) 至 (f) 條的其中一項，而貸款用途是用作公司營運及生產應評稅利潤，中小企借貸的利出開支可以作支出扣除應評稅利潤，從而降低

利得稅稅款。不過,若果中小企借貸金額是用作股東或董事的私人用途,例如公司名義借取貸款後,再轉借給股東購買私人飛機,由於私人飛機不是用作公司的日常營運用途(除非是航空公司),稅務局一般不會接受利息開支作扣除應評稅利潤。

讀者可能會問,這個《四十二章經》的第幾條又是甚麼東西?為免讀者誤會作者「呃字數」,作者會簡化第 16(2)(a) 至 (f) 條的原文。讀者如果想深入了解法律原文,歡迎到政府的《電子版香港法例》參閱詳情。簡單而言,《稅務條例》第 16(2)(a) 至 (f) 條的意思是納稅人需要符合以下其中一項:

(a) 向財務機構借入的;

(b) 向指明的公用事業公司借入的;

(c) 向非財務機構或海外財務機構的人借入的,但收利息的一方需要在香港支付利得稅;(舉例說,香港公司向美國投資銀行借款買入香港地皮,而美國投資銀行需要就收取相關利息收入而申報香港利得稅。如此一來,香港公司才可以申請利息支出扣減利得稅)

(d) 向財務機構或海外財務機構借入的;

(e) 借入該等金錢，完全和純粹是為資助 ——

    (i) 由借款人招致的 ——

    (A) 購買機械或工業裝置，而機械裝置是符合資格獲得免稅額的；

    (B) 用作研發活動用的機械或工業裝置，而機械裝置是符合資格獲得免稅額的；

    (C) 訂明固定資產方面的資本開支，而根據第 16G 條，該開支是可扣除的 (常見例子是購買電腦)；或

    (D) 在提供環保機械或環保車輛，而根據第 16I 條，該開支是可扣除的；或

    (ii) 用作購買營業存貨作應課稅的利潤時使用的，

    (iii) 放債人並非借款人的相聯者；及

    (iv) 在放債人是信託產業的受託人，該受託人及受益人均非借款人，亦非借款人的相聯者；

(f) 借款人是一個法團，利息扣除是關乎該借款人就在香港或其他認可的證券交易所上市的債權證而須支付的利息；

當然了，《稅務條例》另外有扣除利息的限制，分別為

《稅務條例》第 16(2A) 條 (保證貸款測試)、第 16(2B) 條 (利息回流測試) 和第 16(2C) 條 (債務票據的利息回流測試)。由於拙作定位是一本有趣和可讀性高的稅務讀物,暫時不詳述了。

至於按揭貸款,可以分為個人名義申請按揭或公司名義申請按揭 (是的,有限公司都可以購買物業嘛)。個人名義申請按揭貸款的利息扣除方法,在第 19 章已經有解說。至於以公司名義申請按揭貸款,《稅務條例》第 16(2)(a) 至 (f) 條的其中一項,而按揭利息能夠用收取租金收入或用於公司營運所需 (自置物業營運), 當中還款金額的利息部分可以扣減公司利潤,降低應評稅利潤,從而降低利得稅稅款。

當中私人分期貸款和信用卡現金套現計劃,由於兩款貸款都是由個人名義申請。根據《稅務條例》,對私人貸款的利息扣務並沒有特定的稅務扣除條文,而貸款用途一般是用作個人用途而沒有任何利息扣除。即使讀者解釋貸款是用於公司業務,由於貸款並非直接由公司名義申請,其私人貸款利息亦未能作為扣除公司的應評稅利潤。

稅務貸款亦可以分為個人申請和公司申請,個人申請貸

款的處理方法會和私人分期貸款相近；公司申請稅務貸款，只要符合《稅務條例》第 16(2)(a) 至 (f) 條的其中一項，其利息開出則可以用作利得稅扣除，而貸款是用作為公司生產應評稅利潤都可以作為支出扣除。

不過，一般中小企的借貸利率會相對於個人名義申請的借貸利率為高，即使中小企借貸利息開支能夠扣減利得稅，讀者亦要衡量增加的利息支出和借貸對公司營運的財務風險。

最後都是要重覆：「借定唔借，還得到先好借！」

後記

後記

"Nothing in this world can take the place of persistence. Talent will not; nothing is more common than unsuccessful men with talent." - Calvin Coolidge

想當年作者在會計界「木人巷」加班工作期間，腦海中不斷冒起要自立門戶的念頭。有一次，公司派作者到外地工作期間，看到其他地方的會計從業員對生活和工作的看法後，令作者思維跳出個框框。

原來工作不必這麼累！

作者希望透過簡化行政工作流程，善用科技，包括使用自動化流程機械人 (Robotic Process Automation)，將工作流程系統化、步驟化，減省人力的工作時間，從而提升整體工作效率，將工作時間真正為客戶提供稅務服務。

要知道人工智能在不久的將來會取代不少人的工作，取而代知是需要人去作出改變，善用科技進步去提升整體社會的福祉。

「上醫醫未病之病，中醫醫欲起之病，下醫醫已病之病」

在醫療界已經能夠透過人工智能，分析數據資料後找出潛在的慢性病人，令病人能夠及早發現患病的機率，從而及早應對，對整個社會而言都能夠降低醫療負擔開支。

傳統會計師提供的服務會逐漸被人工智能和自動化流程機械人取代，會計師需要轉變工作性質，從日常為客戶輸入會計數據，轉化為客戶提供更有意義的服務，例如提供專業的會計、稅務意見。

由於預視到未來會計行業會因為人工智能下的洪潮作出改變，「木人巷」的工作方式將會大幅轉變，作者希望自己先行轉變，所以有自行創業的打算。

當時有創業的念頭後，便和家人討論，家人都是極力反對的，原因是傳統上「四大會計師」就是高薪厚職的代名詞，只要作者能夠忍受長工時和高壓的工作環境，他日就能夠置業，退休時就可以安享晚年。

但著名股評人曹仁超亦曾經勸喻年青人「不要讓 500 尺綁住你的青春」

當時作者就用經濟學的機會成本概念和家人解釋，自行創業的機會成本只是放棄即時置業「上車」的機會，而未來的樓價亦不一定會大幅上升。雖然當時中原城市領先指數大約 165，而 2021 年已經突破 190。

適逢作者正式辭職前有新樓盤開售，作者便和家人打賭，若果新盤開售作者能夠抽籤成功，就繼續每天朝九晚十二，延遲創業時機；若果作者抽不到就辭職創業了。一向抽獎運氣不高的作者結果當然是和新盤無緣。

「要贏人先要贏自己！」

當時和同事、朋友提出辭職的消息後，大部分的想法都是：現在一個客戶都沒有，如何有收入生存？

但作者知道創業行動的路上，一切都是由零開始。愈早行動就可以愈早達到自己訂下的目標。

創業後的每一天都比未辭職前更早起床，不斷學習新技能、如何簡化行政工作流程、運用自動化的系統減輕日常工作。每一天學習的東西都和以往不同，學習如何寫網站、如

何開拓客源、如何建立工作團隊。

剛剛創業時的壓力不比「木人巷」輕，作者長期處於高度危機感的情況下，除了大量透過閱讀其他成功人士的自傳或商業理論書籍，希望從中得到啟發。

愛因斯坦曾經說過：「宇宙間威力最大的是複式增長。」。除了金錢會複式增長，人的進步空間同樣是以複式計算，每天進步 1%， 1 年、3 年後就是另一番光境。

堅持的意義在於從挫折中學習，然後不斷修正改良，從而達到心中的目標

最後，引用日本著名企業家 稻盛和夫先生的一句話：
樂觀地設想、悲觀地計劃、愉快地執行

特此存照

税務小工具

稅務小工具

1. 近幾年的稅率，退稅金額

免稅額	2020/21 課稅年度 (港元)
基本免稅額	132,000
已婚人士免稅額	264,000
子女免稅額 (上限九名)	120,000
額外子女免稅額 (在課稅年度出生)	120,000
供養兄弟姐妹免稅額	37,500
供養父母、祖父母或外祖父母免稅額 - 60 歲以上	50,000
供養父母、祖父母或外祖父母免稅額 - 55 歲以上，但未滿 60 歲	25,000
額外供養父母、祖父母或外祖父母免稅額 - 60 歲以上	50,000
額外供養父母、祖父母或外祖父母免稅額 - 55 歲以上，但未滿 60 歲	25,000
單親免稅額	132,000
傷殘人士免稅額	75,000
傷殘受養人免稅額	75,000
扣除項目 – 最高限額	
個人進修開支	100,000
長者住宿照顧開支	100,000
居所貸款利息	100,000
向認可退休計劃支付的強制性供款	18,000
根據自願醫保計劃保單繳付的合資格保費	8,000
合資格年金保費及可扣稅強積金自願性供款	60,000
認可慈善捐款 [(入息 - 可扣除支出 - 折舊免稅額) x 百分率]	35%

	2018/19 及以後課稅年度		
	應課稅入息實額	稅率	稅款
最初	50,000	2%	1,000
其次	50,000	6%	3,000
	100,000		4,000
其次	50,000	10%	5,000
	150,000		9,000
其次	50,000	14%	7,000
	200,000		16,000
餘額		17%	
標準稅率		15%	

稅務寬減

課稅年度	寬減稅款百分比	每宗個案上限(港元)	適用的稅種類別
2015/16	75%	20,000	薪俸稅、利得稅及個人入息課稅
2016/17	75%	20,000	薪俸稅、利得稅及個人入息課稅
2017/18	75%	30,000	薪俸稅、利得稅及個人入息課稅
2018/19	100%	20,000	薪俸稅、利得稅及個人入息課稅
2019/20	100%	20,000	薪俸稅、利得稅及個人入息課稅
2020/21	100%	10,000	薪俸稅、利得稅及個人入息課稅

2.買樓，出租印花稅資料

物業印花稅適用範圍

香港現時就買賣物業徵收的印花稅種類

	印花稅	雙倍印花稅	額外印花稅	買家印花稅
住宅物業	適用	非首次購買物業	在特定時段出售	非香港永久性居民及公司名義購買
非住宅物業 (如寫字樓、鋪位)	適用	非首次購買物業	不適用	不適用

只適用於首次置業的香港永久性居民，沒有擁有其他香港住宅物業

樓價超越	樓價不超越	第 2 標準稅率
$0	$2,000,000	$100
$2,000,000	$2,351,760	$100＋超逾$2,000,000 的款額的 10%
$2,351,760	$3,000,000	1.5%
$3,000,000	$3,290,320	$45,000＋超逾$3,000,000 的款額的 10%
$3,290,320	$4,000,000	2.25%
$4,000,000	$4,428,570	$90,000＋超逾$4,000,000 的款額的 10%
$4,428,570	$6,000,000	3%
$6,000,000	$6,720,000	$180,000＋超逾$6,000,000的款額的10%
$6,720,000	$20,000,000	3.75%
$20,000,000	$21,739,120	$750,000＋超逾$20,000,000 的款額的 10%

額外印花稅 (SSD)

任何個人或公司，在特定時間內出售物業，按賣方轉讓前持有物業的不同持有期而定的稅率計算

持有期	在 2012 年 10 月 27 日或之後取得物業
6 個月或以內	20%
超過 6 個月但在 12 個月或以內	15%
超過 12 個月但在 24 個月或以內	10%
超過 24 個月但在 36 個月或以內	10%

3. 薪俸稅計算機

此網站提供簡易的薪俸稅計算機，為讀者計算個人入息的應繳薪俸稅。 讀者只需輸入個人入息、扣除項目及相關免稅額；應繳薪俸稅金額會自動顯示在螢幕上。

https://www.ck-tax.com/salarytax-calculator

4. 按揭計算機

　　相信香港大部分市民都以擁有一間或多間物業為財務目標，傳統華人智慧「有土斯有財」的理財觀念更加深入民心，「上車」置業是否真的遙不可及？歡迎讀者到網站計算每月按揭貸款供款金額，再從長計議。

https://www.ck-tax.com/mortgage-calculators

5. 買樓印花稅計算機

此網站提供簡易的印花稅計算機,為讀者計算物業轉讓文書(即住宅物業買賣協議和非住宅物業樓契)及租約的應繳印花稅。 讀者只需輸入物業轉讓代價;應繳印花稅金額會自動顯示在螢幕上。

https://www.ck-tax.com/stampdutycalculator

鳴 謝

鳴謝

希望讀者喜歡拙作！

這本書的存在目的是希望為讀者分享簡單易明的稅務知識和能夠深入淺出地簡介稅務應用個案，令讀者能夠了解稅務之餘又不會被沉悶的法律條文阻礙稅務有趣之處。

當然，讀者每次收到稅單要交稅時應該不會同意以上觀點 :)

來到這本書的結尾，希望能夠帶起讀者對稅務知識的興趣。如果讀者有其他的稅務問題，歡迎聯絡作者，我們會盡力為讀者提供更專業，籌劃更適合的稅務安排。

心靈上鼓勵作者創業的推薦書單

作者閒時喜歡靜態活動，夜闌人靜時喜歡播放張學友、鄭中基、周杰倫的歌曲，然後慢慢閱讀堆積如山的書籍，每次出外都會身傍 KINDLE，不論乘車、食飯、喝咖啡都會閱讀歷史小說。

以下書籍對作者創業路上有一些啟發：

- 《大秦帝國》- 孫皓暉

- 《張居正》- 熊召政

- 《紅頂商人胡雪巖》- 高陽

- 《李根興的生意哲學》- 李根興博士

- 《蕭若元說懂李嘉誠一生》- 蕭若元

- 《活法》- 稻盛和夫

- Chasing Daylight - by Eugene O'Kelly（前 KPMG 的 CEO 和主席著作，分享人生去到盡頭時，生活和工作之間應該如何取得平衡）

- Grinding It Out: The Making of McDonald's - by Ray Kroc（如何透過加盟系統及財務技巧，將小食店業務推向全球連鎖的快餐王國）

- Rich Dad Poor Dad – by Robert Kiyosaki（洛陽紙貴的一本財務教育啟蒙書）

- SHOE DOG: A Memoir by the Creator of NIKE) - by Phil Knight (Nike 創辦人的創業點滴，當時他一邊在 PwC 上班，工餘時賣波鞋）

90後躺平稅月
鮮為人知的稅務秘聞